景观概念设计

创作方法与实例

黄 婷／著

中国林业出版社

图书在版编目（ＣＩＰ）数据

景观概念设计创作方法与实例 ／ 黄婷著．-- 北京：中国林业出版社，2019.5（2024.8 重印）
ISBN 978-7-5219-0079-8

Ⅰ．①景… Ⅱ．①黄… Ⅲ．①景观设计 Ⅳ．① TU983

中国版本图书馆 CIP 数据核字（2019）第 094617 号

——

策划、责任编辑：樊 菲

——

出版发行：中国林业出版社（100009，北京市西城区刘海胡同 7 号，电话 83143610）
网　　址：https://www.cfph.net
印　　刷：北京中科印刷有限公司
版　　次：2019 年 7 月第 1 版
印　　次：2024 年 8 月第 3 次
开　　本：787mm×1092mm 1/16
印　　张：13
字　　数：300 千字
定　　价：78.00 元

序
Preface

生态文明建设功在当代、利在千秋。党的十八大提出大力推进生态文明建设，努力建设美丽中国的战略部署，把生态文明建设提升到突出的战略地位，融入经济建设、政治建设、文化建设、社会建设的各方面和全过程，形成中国特色社会主义事业"五位一体"的总体布局，将生态文明建设写入党章而成为党的行动纲领。党的十九大更是把生态文明建设提高到新的高度，提出把建设生态文明作为中华民族永续发展的千年大计，推动人与自然和谐发展的新时代中国特色社会主义现代化建设新格局，建设美丽中国。风景园林是新时代生态文明的重要载体，是能够满足人民群众对优良生态产品和美好人居环境质量需求的主要形式之一。

改革开放 40 多年来，随着我国经济社会的发展和城镇化进程的加快，中国风景园林事业发展迅猛，为城乡人居环境建设作出了巨大的贡献。在生态文明和美丽中国建设的新时代，我国经济社会发展仍急需大量风景园林行业的应用型人才，需要一系列能够适应风景园林建设的优秀专业书籍，以确保新时代一流风景园林专业教育之需。

黄婷同志硕士研究生毕业后任职于广西大学行健文理学院，主要从事风景园林（景观学）专业的教学和研究工作。该同志认真学习，勤奋工作，敢于实践，勇于创新，在完成繁重教学工作的同时，先后主持和参与了一批风景园林工程可行性研究和规划设计项目，提高了自己的专业理论水平和实践技能。为适应新时代一流风景园林专业教育形势，改进风景园林专业应用型人才培养方法，构建特色鲜明的多元化教学体系，引领景观设计初学者少走弯路，黄婷同志以科学而独特的眼光，在阅读、参考和借鉴国内外学者大量文献的基础上，结合自己十年风景园林专业教学工作体会和规划设计实践思考，编写了《景观概念设计创作方法与实例》一书。该书阐述了景观设计法则、概念与形式、设计模块训练（基本设计元素、空间构成、平面拓图＋平面转空间、方案组织、板绘景观方案构思五大设计模块）的详细内容，最后展示了实际设计案例。

青年风景园林工作者是助力生态文明与美丽中国建设以及风景园林事业创新驱动的主力军，学界业界理应对他们多加呵护和扶持，努力激发他们的创新热情和创造活力。该书凝聚了黄婷同志的心血，是一名青年风景园林师创新实践的一份沉甸甸的成果，内容丰富，素材新颖，图文并茂，简明易懂，可读性和实用性均较强。但由于作者理论水平还有限，且是初次编撰书籍，故书中或许还有值得商榷之处。我深望广大读者以包容和发展的眼光去阅读此书，从中汲取有益的营养。同时，对书中不足甚至可能错误之处，也热盼读者不吝指教。

和太平
2019 年 4 月 13 日于南宁

前言
Preface

美国风景园林师学会定义："风景园林规划设计是一门对土地进行规划、设计和管理的艺术，它合理地安排自然和人工因素，借助科学知识和文化素养，本着对自然资源保护与管理的原则，最终创造出对人有益、使人愉快的美好环境。"任何艺术和设计学科都具有特殊的、固有的表现手法，风景园林规划设计也不例外。艺术家和设计师正是利用这些手法将其目标、思想、概念和情感转化成一个个实际形象。

本人在十年风景园林从业实践中，先后主持了一批规划设计项目，也多次参加了规划设计方法与技能的学习培训。在不断地实践应用中提升自身专业综合能力，并归纳总结出一套高效的景观概念设计创作方法，同时把这套方法应用于风景园林专业设计教学和实践项目中，让学员和从业者找到正确和高效的设计方法。读者按照本书设计训练模块进行模拟训练，可以快速提高设计技能，并可以从实践项目中得到设计启示和参考。本人希望把这些方法分享给读者，让更多的景观设计从业者受益，于是编撰了《景观概念设计创作方法与实例》这本拙作。

书中运用了优秀的景观方案临摹和创作作品，详细诠释了设计法则的要点；用从概念到形式的推演方法系统训练学员把概念转化为不同主题的组织形式，从而全面提高方案构思和推演的能力；运用五大设计模块训练，从方案元素到空间构成，从平面构成到立面表达，从局部展示到整体方案呈现，全方位系统训练设计人员的方案创作能力。书中详细介绍了训练模块的要求和方法，并展示一批设计训练成果；同时运用数字技术板绘来展示方案设计创作的全过程及设计成果；最后展示了七个运用这套景观概念设计方法完成的景观规划设计项目方案成果。本书分为四个部分：景观概念设计法则、概念与形式、五大设计模块训练、实际项目案例展示。其中，设计模块训练包括：①基本设计元素的训练；②空间构成训练；③平面拓图＋平面转空间训练；④方案组织训练；⑤板绘景观方案构思训练。

本书为风景园林、园林、环境艺术设计等专业学生以及风景园林规划设计初级从业者提供了大量景观概念设计实操案例和一套翔实的设计方法，希望读者潜心研究，共同进步。本书在编写过程中除引用本人规划设计成果外，还引用了教学实训项目中的优秀成果，在此谨向有关创作者和单位深表感谢！同时感谢广西大学行健文理学院对本书出版给予教材立项并资助部分资金。感谢余凤鹏老师的手绘与板绘培训，并提供板绘案例。感谢郑静师妹对本书排版工作给予的大力帮助。特别感谢广西大学林学院和太平教授不吝为本书作序。

由于时间仓促，编者水平有限，书中难免有疏漏和不妥之处，望广大读者和同行多多批评并多提宝贵意见，特此感谢！

黄婷

2019 年 4 月

目录
Contents

DESIGN PRINCIPLES
设计法则

01

1.1 七条统一法则

1.1.1 统一法则一：平行

画面中的相邻线条在关系上应以和谐的形态出现，避免图纸上线条毫无条理地出现多个方向。

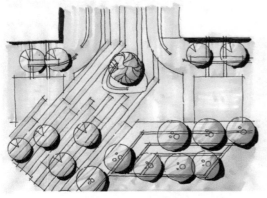

▲ 图 1-1 平行法则构图一（陈铭沛 改绘）

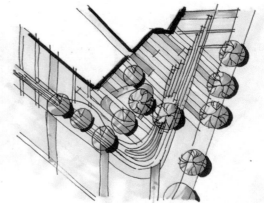

▲ 图 1-2 平行法则构图二（陈铭沛 改绘）

1.1.2 统一法则二：垂直

垂直相交的两条线条，存在一种直接明了的互动关系，具有稳定的平衡感，配合平行线条易于组建空间骨架。

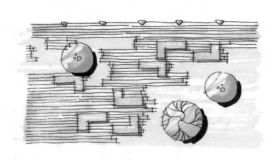

▲ 图 1-3 垂直法则构图一（陈铭沛 改绘）

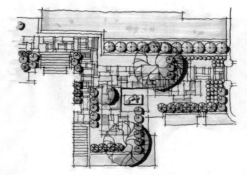

▲ 图 1-4 垂直法则构图二（陈铭沛 改绘）

1.1.3 统一法则三：收于一点

多条相邻线条共同收于一点，具有很强的指向性及规律性，更易于聚焦视线，提高复杂图形中的可识别性。

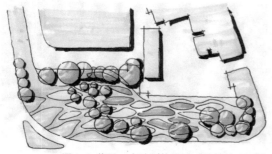

▲ 图 1-5 收于一点法则构图一（陈铭沛 改绘）

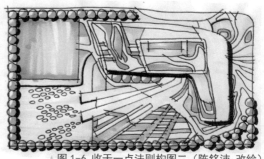

▲ 图 1-6 收于一点法则构图二（陈铭沛 改绘）

1.1.4 统一法则四：对齐

空间要素可重复出现形成序列，注重边界的对齐，在视觉上形成有组织、成体系的构图效果。

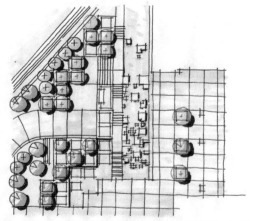

▲ 图1-7 对齐法则构图一（陈铭沛 改绘）

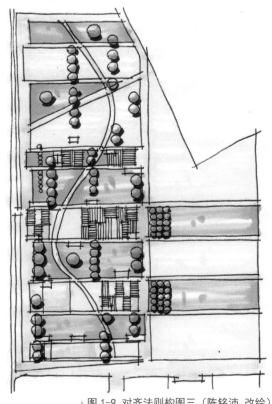

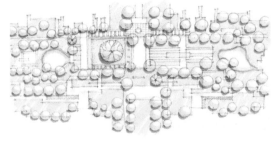

▲ 图1-8 对齐法则构图二（唐艺超 改绘）　　　　▲ 图1-9 对齐法则构图三（陈铭沛 改绘）

1.1.5 统一法则五：复形

画面上的形状不宜太多，避免多种图形带来繁杂混乱的画面效果，和谐的画面应当是有节奏的。所以重复图形是常用的一种景观设计法则。

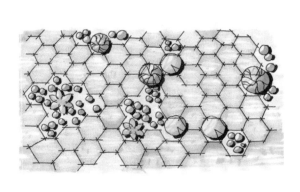

▲ 图1-10 复形法则构图一（陈铭沛 改绘）

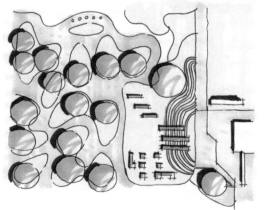

▲ 图1-11 复形法则构图二（陈铭沛 改绘）

1.1.6 统一法则六：比例

比例是指相邻同质要素在面积、长度、宽度、高度、数量上的规模关联。无论直线、曲线、折线，相邻段的比例都应接近。

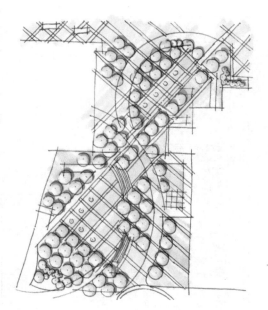

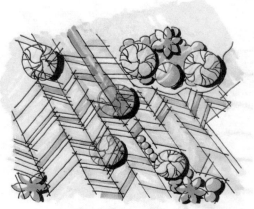

▲ 图 1-13 比例法则构图二（陈铭沛 改绘）

◄ 图 1-12 比例法则构图一（陈钐伶 改绘）

1.1.7 统一法则七：顺畅

以多条曲线为例，相邻曲线宜相切，形成流畅的视觉效果。

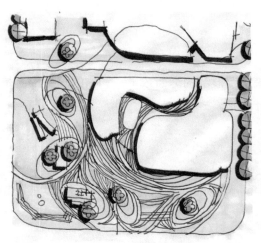

▲ 图 1-14 顺畅法则构图一（陈铭沛 改绘）

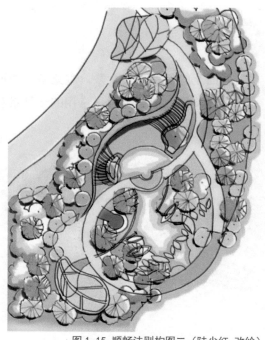

▲ 图 1-15 顺畅法则构图二（陆少红 改绘）

1.2 六条变化法则

1.2.1 变化法则一：进退

当重复出现的相邻平行线条数量多到产生单调的视觉效果时，需要利用其中一个要素制造出垂直的空间关系，比如台阶式的花池。

▲ 图 1-16 进退法则构图一（陈铭沛 改绘）

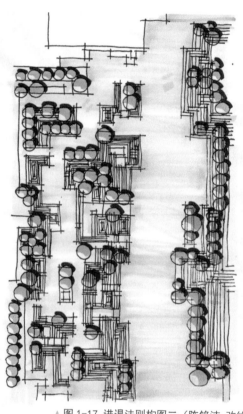

▲ 图 1-17 进退法则构图二（陈铭沛 改绘）

1.2.2 变化法则二：宽窄

当非交通性的行进路径出现同一宽度时，会削弱路径的趣味性。而将路径边界进行宽窄变化可使得空间富于变化，带来更多的趣味性。

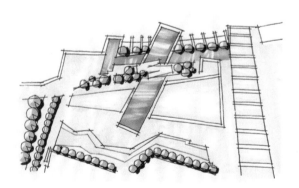

▲ 图 1-18 宽窄法则构图一（陈铭沛 改绘）

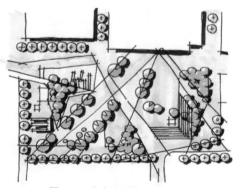

▲ 图 1-19 宽窄法则构图二（陈铭沛 改绘）

1.2.3 变化法则三：高低

高低不同的各类空间要素在竖向上通过合理组合，可以丰富人的视觉立面空间的主次关系，要素包括地形、台阶、喷泉、植物种植等。

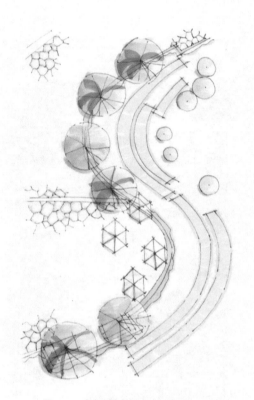

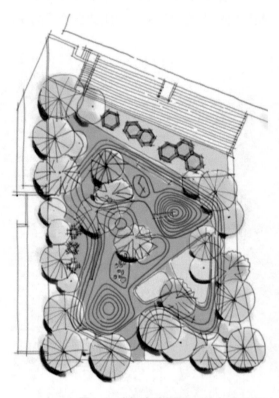

▲图1-20 高低法则构图一（唐艺超 改绘）　　　　　　　▲图1-21 高低法则构图二（陆少红 改绘）

1.2.4 变化法则四：大小

画面上的图形不宜太多，而同样的图形可以通过大小的变化创造出视觉上的丰富性，增加对比和韵律。

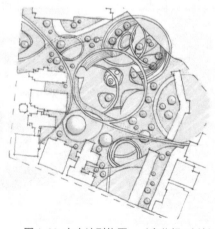

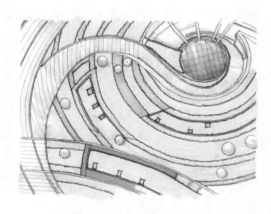

▲图1-22 大小法则构图一（唐艺超 改绘）　　　　　　　▲图1-23 大小法则构图二（唐艺超 改绘）

1.2.5 变化法则五：虚实

两种设计要素不应完全均置平铺，如草坪与树林的关系，完全均置的草坪和树林缺乏活动应有的空间变化，进而导致空间散乱无序。

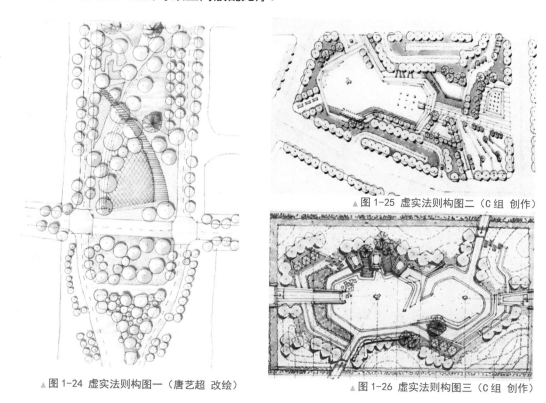

▲图 1-25 虚实法则构图二（C 组 创作）

▲图 1-24 虚实法则构图一（唐艺超 改绘）

▲图 1-26 虚实法则构图三（C 组 创作）

1.2.6 变化法则六：不对称

不对称构图会产生不稳定感，让画面气氛紧张，或者重心偏移，使空间有变化和富于趣味性。

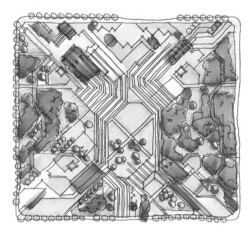

▲图 1-27 不对称法则构图一（李良颖 改绘）

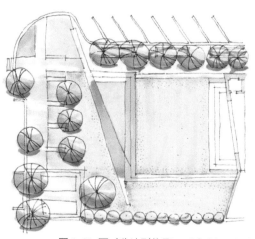

▲图 1-28 不对称法则构图二（李良颖 改绘）

1.3 五条和谐法则

1.3.1 和谐法则一：避免锐角

45°以下的锐角在视觉上给人不安全的感觉，在工程上会造成不必要的浪费，在空间使用上存在死角空间。所以应在景观设计中避免出现45°以下的锐角。

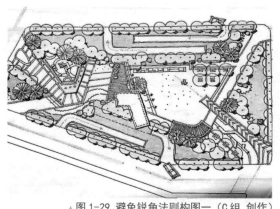

▲图1-29 避免锐角法则构图一（C组 创作）

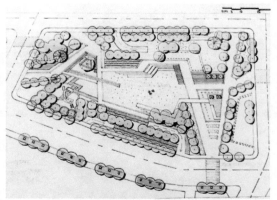

▲图1-30 避免锐角法则构图二（C组 创作）

1.3.2 和谐法则二：线性统领

设计中常用于空间统领的要素一般是轴线，轴线具有极强的指向性和控制性，周边的要素应与之协调，更好地突出重点。

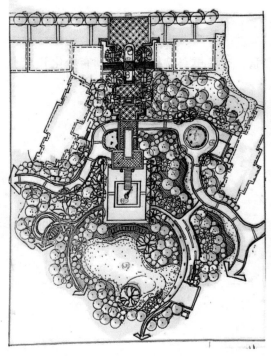

▲图1-31 线性统领法则构图一（张春晓 改绘）

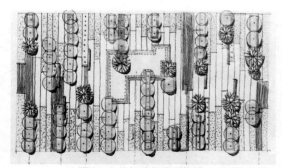

▲图1-32 线性统领法则构图二（C组 创作）

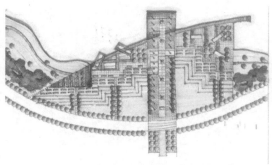

▲图1-33 线性统领法则构图三（黄婷 创作）

1.3.3 和谐法则三：避免象形

设计形式应避免出现类似生物或过于象形的形式，避免产生设计歧义。

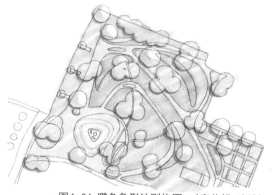

▲图1-34 避免象形法则构图一（唐艺超 改绘）

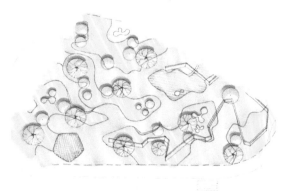

▲图1-35 避免象形法则构图二（唐艺超 改绘）

1.3.4 和谐法则四：避免散乱

同质或非同质的要素，如树木、铺装等，在布局时应避免平均、无逻辑地散布，否则会造成视觉密集、画面混乱，使人无法聚焦重点要素。

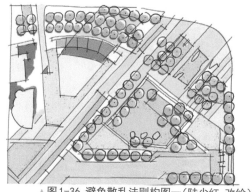

▲图1-36 避免散乱法则构图一（陆少红 改绘）

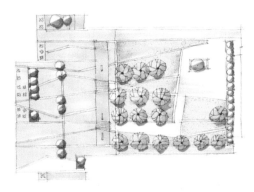

▲图1-37 避免散乱法则构图二（李良颖 改绘）

1.3.5 和谐法则五：核心聚集

核心区域的空间设计应具有人群吸引力，通常用造型变化丰富的喷泉、雕塑等具有艺术性、特征性的元素来整合设计。

▲图1-38 核心聚焦法则构图一（C组 创作）

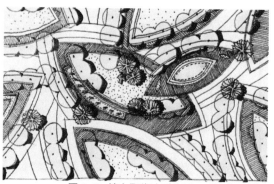

▲图1-39 核心聚焦法则构图二（姚萍 创作）

1.4 法则应用

1.4.1 垂直式

　　选定垂直式的设计构图，将平行、虚实等法则具体运用其中，简单法则的运用可以加强设计者对基本设计的把控力。

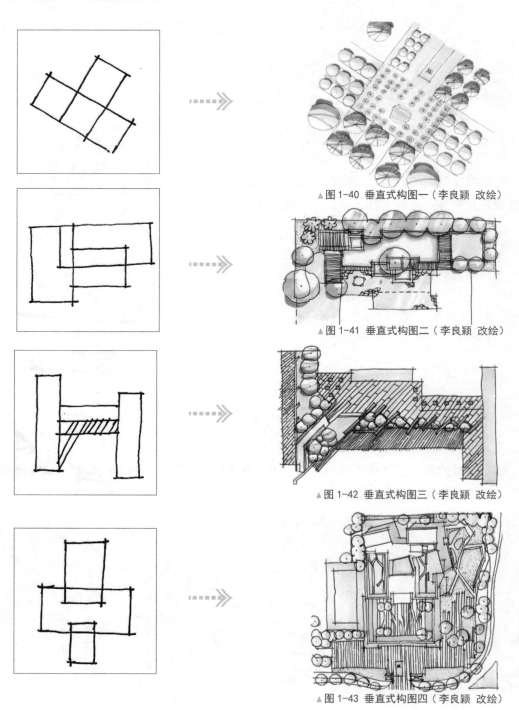

▲图1-40 垂直式构图一（李良颖 改绘）

▲图1-41 垂直式构图二（李良颖 改绘）

▲图1-42 垂直式构图三（李良颖 改绘）

▲图1-43 垂直式构图四（李良颖 改绘）

1.4.2 135°与垂直结合式

选定了 135°与垂直结合式的设计形式，在遵循设计法则的基础上进一步深化设计方案，以取得更有趣味性的构图与空间关系。

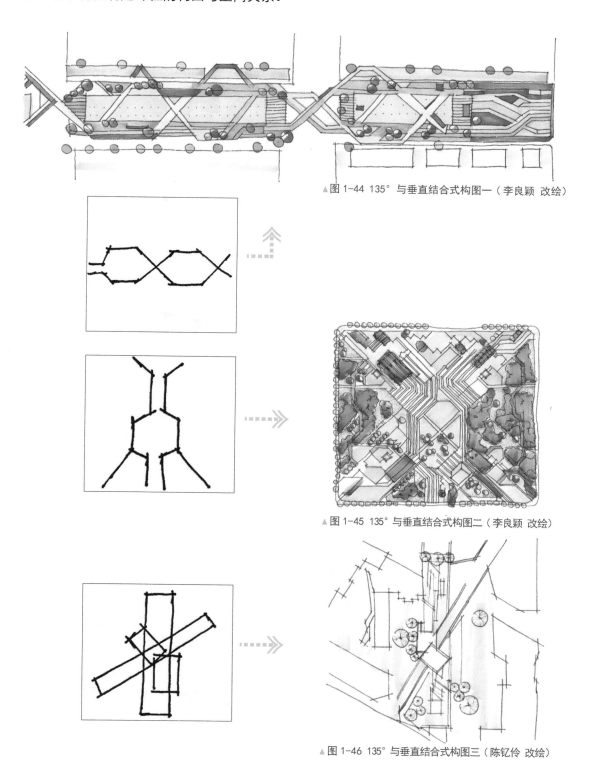

▲图 1-44 135°与垂直结合式构图一（李良颖 改绘）

▲图 1-45 135°与垂直结合式构图二（李良颖 改绘）

▲图 1-46 135°与垂直结合式构图三（陈钇伶 改绘）

1.4.3 30°/60°角三角形式

三角形构图在景观设计方案中一直都有不俗的表现，它可以使设计轻盈、简练，视线通透，景深感强。在三角形的场地里，每一条路径，每一处阶梯，每一个小空间的划分，都会让整个场地焕发新的活力。

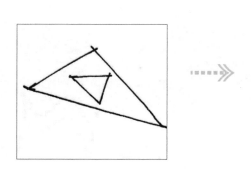

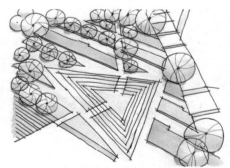

▲图1-47 三角形式构图一（李良颖 改绘）

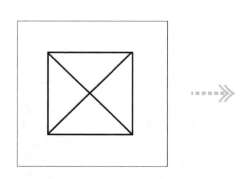

▲图1-48 三角形式构图二（熊瑞清 创作）

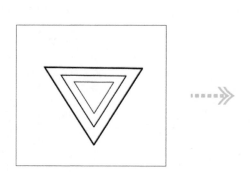

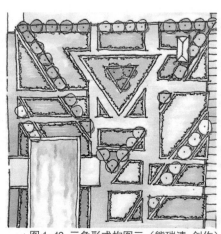

▲图1-49 三角形式构图三（熊瑞清 创作）

1.4.4 圆形与多圆组合式

圆形构图的设计方案通常以相对单纯的设计语言表现，在圆的基础上，加入了大小、虚实、偏移、重叠等变化，可以形成更聚焦的方案，圆形构图具有更强的画面控制力。

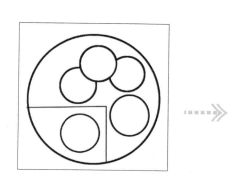

▲ 图 1-50 圆形与多圆组合式构图一（李良颖 改绘）

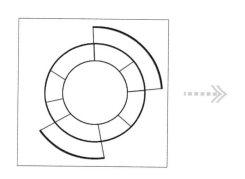

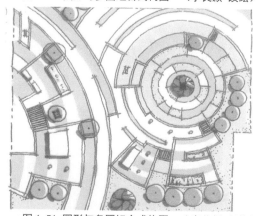

▲ 图 1-51 圆形与多圆组合式构图二（唐艺超 创作）

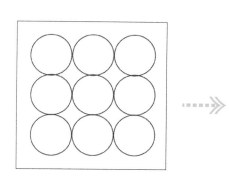

▲ 图 1-52 圆形与多圆组合式构图三（陈钇伶 改绘）

1.4.5 同心圆和半径组合式

用圆心相同、半径不同的圆进行方案设计，能够使空间具有极强的向心力及对外延伸力，使中心场地具有较好的抵达性和可识别性。这样设计的方案视线定位在主题上，或者向外延伸，视觉冲击力非常强。

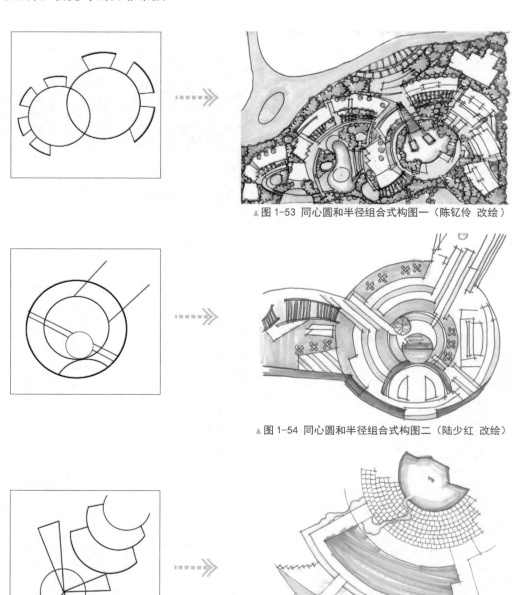

▲图 1-53 同心圆和半径组合式构图一（陈钇伶 改绘）

▲图 1-54 同心圆和半径组合式构图二（陆少红 改绘）

▲图 1-55 同心圆和半径组合式构图三（陆少红 改绘）

1.4.6 椭圆式

椭圆可以单独应用，也可以多个组织在一起应用，使用椭圆式的构图，能够让空间给人非常优雅大气的感觉，具有稳定的流动感。

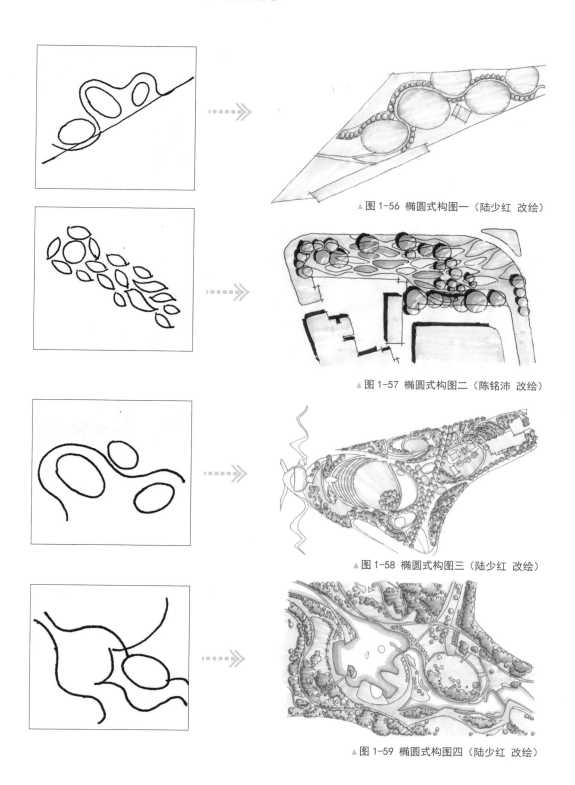

▲ 图 1-56 椭圆式构图一（陆少红 改绘）

▲ 图 1-57 椭圆式构图二（陈铭沛 改绘）

▲ 图 1-58 椭圆式构图三（陆少红 改绘）

▲ 图 1-59 椭圆式构图四（陆少红 改绘）

1.4.7 螺旋式

使用螺旋式的构图能够让景观节点很突出，直奔主题。这种设计方式抓人眼球，给人一种充满活力的动感，非常醒目。

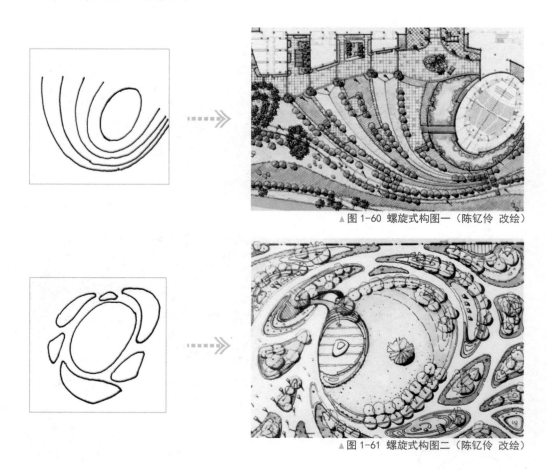

▲ 图 1-60 螺旋式构图一（陈钇伶 改绘）

▲ 图 1-61 螺旋式构图二（陈钇伶 改绘）

1.4.8 曲线式

曲线适用于带状或线性景观，是一种平滑流动的空间组织形式，具有连续、柔和的韵律美，此种空间组织流畅圆润、自由奔放。在曲线的应用中，可以进行方向上的统一变化，让空间收放自如，赋予空间更多的层次感和流动感。

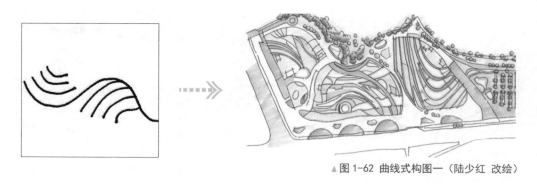

▲ 图 1-62 曲线式构图一（陆少红 改绘）

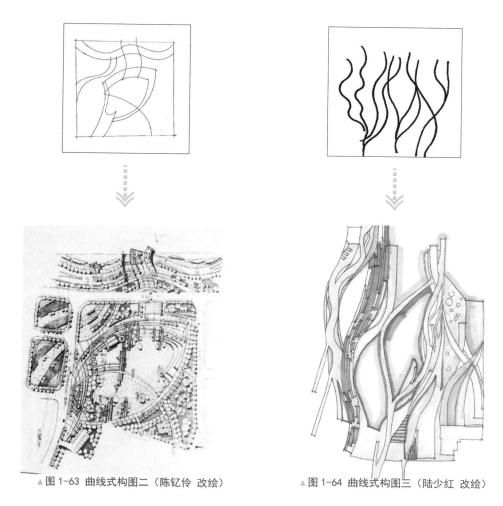

▲图 1-63 曲线式构图二（陈钆伶 改绘）　　　▲图 1-64 曲线式构图三（陆少红 改绘）

1.4.9 不规则式一

　　有组织、有意识地对空间进行不规则划分，看似无序，却有合理的同质或非同质要素布局，不规则方案以线分割出形状不同、大小不等的各类空间，给人个性鲜明的场所印象。

▲图 1-65 不规则式一构图一（陈钆伶 改绘）

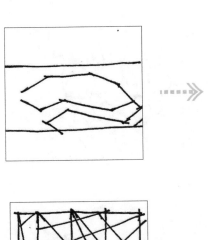

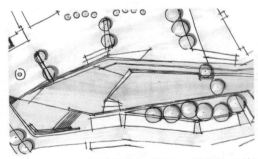

▲ 图1-66 不规则式一构图二（陈钌伶 改绘）

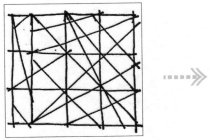

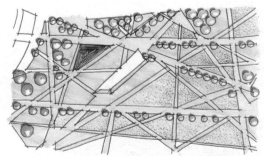

▲ 图1-67 不规则式一构图三（陈钌伶 改绘）

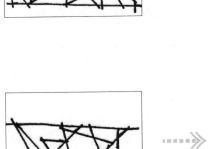

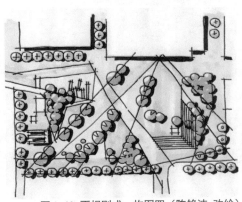

▲ 图1-68 不规则式一构图四（陈铭沛 改绘）

1.4.10 不规则式二

不规则形状包括重复、叠加、合并、伸缩、旋转等变化，让空间产生丰富的层次感和协调统一感。

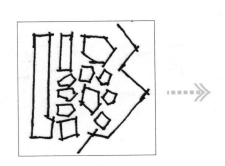

▲ 图1-69 不规则式二构图一
（陈钌伶 改绘）

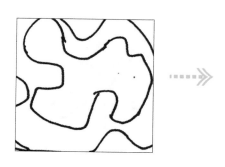

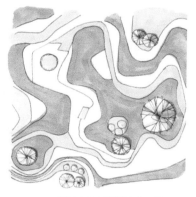

▲图 1-70 不规则式二构图二
（陈钌伶 改绘）

1.4.11 混合应用式

仅仅使用一种设计形式固然能使画面产生很强的统一感（如重复使用同一类型的形状、线条和角度，同时靠改变它们的尺寸和方向来避免单调）。但在通常情况下，需要连接两个或更多相互对立的形式，才能创造一个协调的整体。

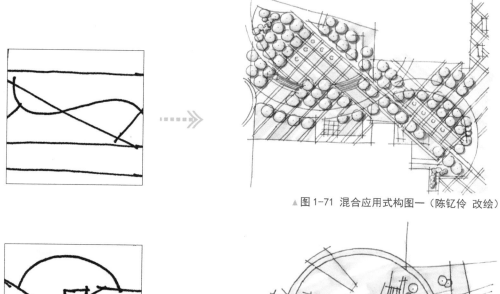

▲图 1-71 混合应用式构图一（陈钌伶 改绘）

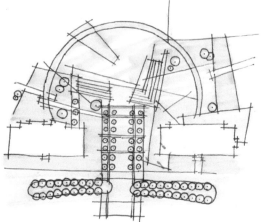

▲图 1-72 混合应用式构图二（陈钌伶 改绘）

FROM CONCEPT TO FORM
从概念到形式

2.1 案例创作方法

    对于设计师来说，把概念转化为特定的、详细的空间组织形式是一件很令人头痛的事。本部分提供了一些生动、实用的技巧，能把这一转化过程变得更加容易，且使之更富有成效。我们通过针对同一方案用不同的设计主体绘制出多种景观平面方案，从而达到锻炼方案构图的设计推演能力和思维能力的目的。以下是从概念到形式的设计训练要求：

    （1）勘察项目用地，分析场地功能和交通组织，推演出概念性方案，即图2-1。

    （2）根据概念性方案分别以矩形、45°/90°、30°/60°、多圆组合、圆和半径、圆弧和切线、圆的一部分为主体，绘制出7种从概念到形式的景观平面方案，如图2-2~图2-8所示。

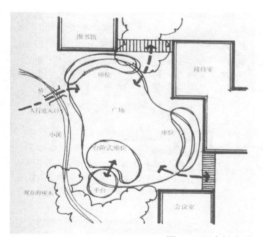

▲图 2-1 概念性方案

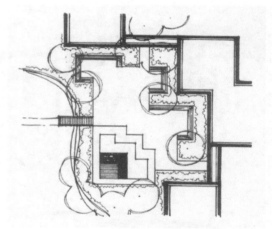

▲图 2-2 矩形为主体平面方案

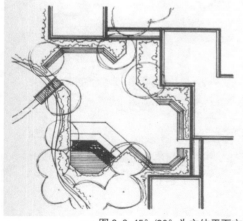

▲图 2-3 45°/90°为主体平面方案

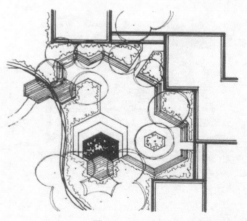

▲图 2-4 30°/60°为主体平面方案

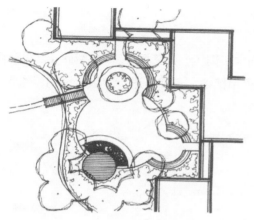

▲图 2-5 多圆组合为主体平面方案

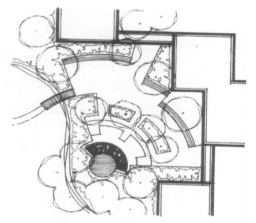

▲图 2-6 圆和半径为主体平面方案

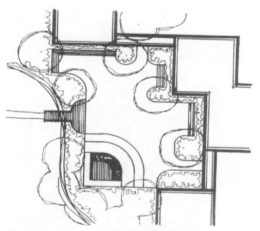

▲图 2-7 圆弧和切线为主体平面方案

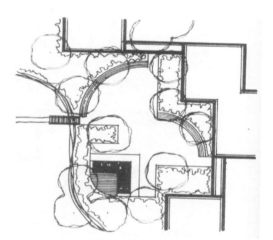

▲图 2-8 圆的一部分为主体平面方案

2.2 案例创作应用

2.2.1 应用案例一：别墅庭院平面设计方案

这是一个别墅庭院，先规划出主要活动场地空间（一级空间）、休息空间（二级空间）、通过式观赏空间（三级空间）和道路游线，再用植物、景墙等进一步区分空间。绘制泡泡图，用 7 种主体创作该别墅庭院的平面设计方案。

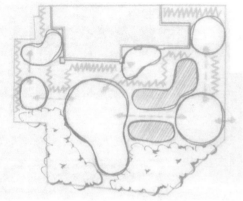

▲图 2-9 概念性方案（叶琼丹 创作）

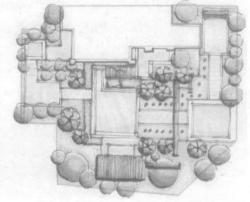

▲图 2-10 矩形为主体平面方案（叶琼丹 创作）

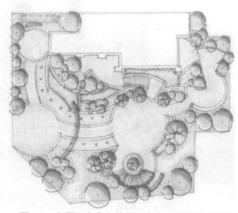

▲图 2-11 多圆组合为主体平面方案（叶琼丹 创作）

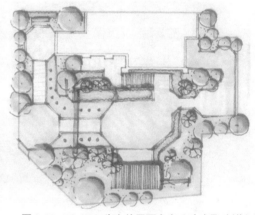

▲图 2-12 45°/90° 为主体平面方案（叶琼丹 创作）

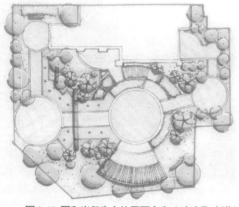

▲图 2-13 圆和半径为主体平面方案（叶琼丹 创作）

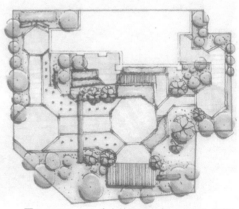

▲图 2-14 30°/60° 为主体平面方案（叶琼丹 创作）

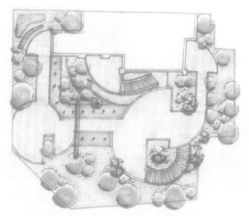

▲图2-15 圆的一部分为主体平面方案（叶琼丹 创作）

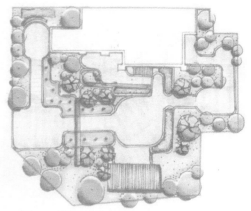

▲图2-16 圆弧和切线为主体平面方案（叶琼丹 创作）

2.2.2 应用案例二：办公楼中庭平面设计方案

这是一个办公楼中庭，先明确办公楼出入口，规划出行人出入的主要路线，再确定洽谈区（私密空间、开放空间、半私密空间）、观赏区。绘制泡泡图，用7种主体创作该办公楼中庭的平面设计方案。

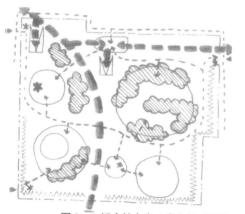

▲图 2-17 概念性方案（唐艺超 创作）

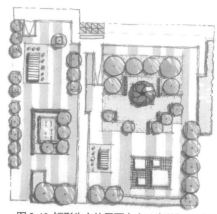

▲图 2-18 矩形为主体平面方案（唐艺超 创作）

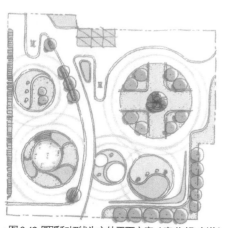

▲图 2-19 圆弧和切线为主体平面方案（唐艺超 创作）

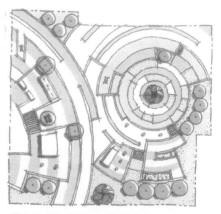

▲图 2-20 圆和半径为主体平面方案（唐艺超 创作）

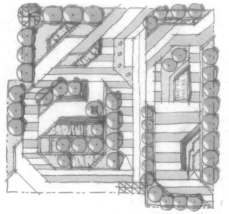

▲图2-21 45°/90°为主体平面方案（唐艺超 创作）

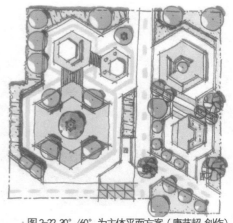

▲图2-22 30°/60°为主体平面方案（唐艺超 创作）

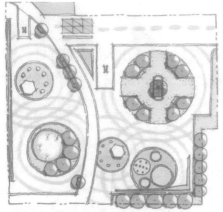

▲图2-23 多圆组合为主体平面方案（唐艺超 创作）

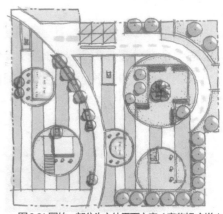

▲图2-24 圆的一部分为主体平面方案（唐艺超 创作）

2.2.3 应用案例三：校园植物科普园平面设计方案

这是一个校园植物科普园，根据现有环境，遵循适地适树的原则进行科普植物的分区，设计出主要科普游路线和次要作业路线，划分出适当的交流学习空间。绘制泡泡图，用7种主体创作该校园植物科普园的平面设计方案。

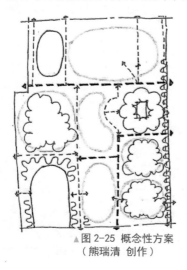

▲图2-25 概念性方案
（熊瑞清 创作）

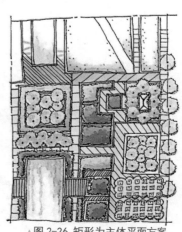

▲图2-26 矩形为主体平面方案
（熊瑞清 创作）

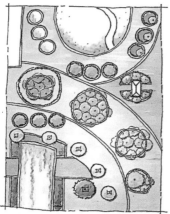

▲图 2-27 多圆组合为主体平面方案
（熊瑞清 创作）

▲图 2-28 圆和半径为主体平面方案
（熊瑞清 创作）

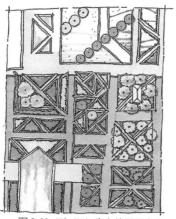

▲图 2-29 45°/90°为主体平面方案
（熊瑞清 创作）

▲图 2-30 30°/60°为主体平面方案
（熊瑞清 创作）

▲图 2-31 圆弧和切线为主体平面方案
（熊瑞清 创作）

▲图 2-32 圆的一部分为主体平面方案
（熊瑞清 创作）

2.3 实例分析——乐业兰花温室及其展园景观规划设计方案创作

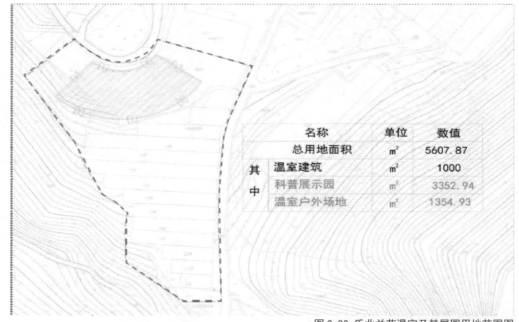

名称	单位	数值
总用地面积	m²	5607.87
其中 温室建筑	m²	1000
科普展示园	m²	3352.94
温室户外场地	m²	1354.93

▲图 2-33 乐业兰花温室及其展园用地范围图

（1）场地基址概况说明

①整个设计地块呈三角状，总面积为 5607.87m²，三面环山，地形高差较大，从北向南由低向高延伸，场地内原有几座生产用的遮阴大棚。

②温室平面形状为扇形，占地面积约 1000m²。

③温室建筑为一层落地结构，总层高约 6m，东、西、南方向均有出入口。

（2）设计目的

①打造一个尽可能让游人充分游览各区域的兰花科普园。

②利用好地形高差的变化。

③展园和温室能够较好的衔接。

④创造有趣的节点，实现人与自然的互动。

（3）设计原则

①科普性：对于兰花科普园而言，其最重要的作用之一就是作为生态课堂的科普作用，故在节点以及细节的部分要体现生态科普园的科普性，使游人在游览的过程中，更加了解兰花和珍惜兰花。

②文化性：科普园虽然起到的是科学普及和教育的作用，但光有漂亮的框架还不够，还要有深刻的内涵支撑起兰花园的文化核心。

③艺术性：兰自古以来就与艺术有着不可分割的关系，良好的艺术氛围能给游客带来美的视觉体验和文化熏陶。

四季兰花

春　　　夏　　　秋　　　冬

▲图 2-34　乐业兰花示意图

科普　　　教育　　　展示

▲图 2-35　乐业兰花温室及其展园设计主题定位

2.3.1 方案一

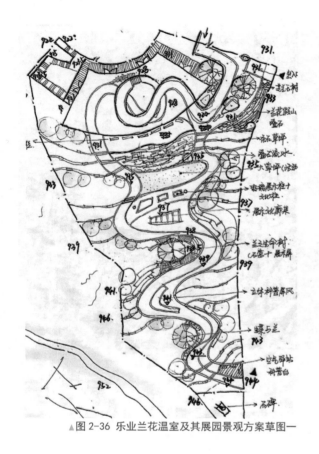

▲图 2-36 乐业兰花温室及其展园景观方案草图一

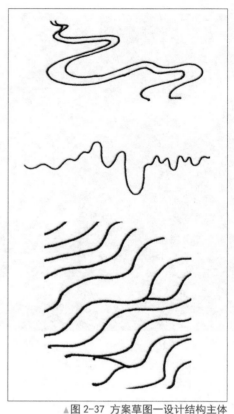

▲图 2-37 方案草图一设计结构主体

（1）结构主体

蜿蜒的曲线、波浪形曲线、自然式曲线。

自然式的曲线是对自然的精髓加以提取，如对植物、溪流、山脉等外形轮廓进行简化，这种形式是对自然的模仿和类比，在自然界中随处可见。

但要注意的是，自然式曲线的运用要注意曲线的节奏和韵律变化，否则会显得呆板。曲线的运用带来更多的应是松散的、随和的气息。

（2）设计手法

采用草书"兰"字作为设计符号，以自然式的设计手法表现展园，从地块的基址出发，创造场地中的优质游览路径。在飘逸自然的设计语言中又加入一些灵动的元素——层叠的石块、潺潺流淌的水景、交错的根系、仿生动物雕塑等景观，打造出贴近自然的生态空间，给人带来多样的感官体验。

景观轴同时也是视线主轴，展示空间的收缩与开放、兰花体验场景的变化、叠瀑的动与竹林的静等元素都给人丰富的视听感受。此外，借助地形高差这一天然的优势，与场地形成一系列的观景平台，通过不同的景观视角，可以远眺多层空间景观，将外部景观引入到展园之中，形成良好的"借景"。

以草书"兰"字作为景观主路，连接了各功能分区和多个景观节点，以路和地形来划分组织空间，既是景色的一部分，又增加了游客与植物互动的行为方式，实现科普游览的目的。园中植物以栽种不同形式的兰花为主，结合其他乔、灌、草来营造展园的空间场所。在原有植被的基础上，建立起与其相适应的绿地生态系统，架构城市功能与开放空间的有机联系，形成健康又充满活力的公共空间。

（3）设计理念

结合高差较大的不规则地块，将其山势的走向和变化作为景观特色重点刻画。根据场地的特征，以科普展示为目的，在尽可能延长游览路线的前提下，将兰花温室展区和室外展区联系起来。兰花温室展示园位于景观轴线的北端，与室外展园良好结合，展示了兰花的"美、艳、媚、珍、香、纯"等特点，集多样性空间和参观体验于一身。

设计灵感来源于《兰亭集序》中的曲水流觞，其蜿蜒的山路曲线抽象地描绘了草书的"兰"字，意在表现兰花高洁洒脱、隽秀飘逸的形象。

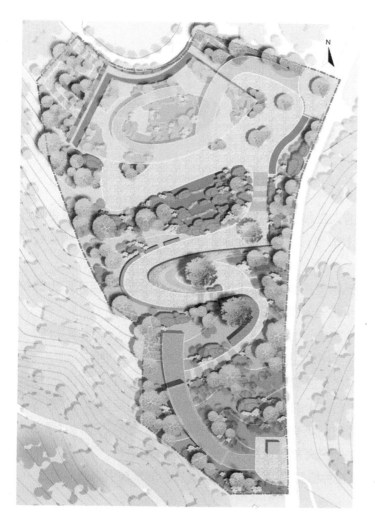

◀图 2-38 乐业兰花温室及其展园景观方案一平面图

2.3.2 方案二

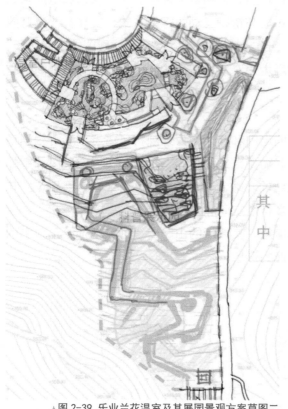

▲图 2-39 乐业兰花温室及其展园景观方案草图二

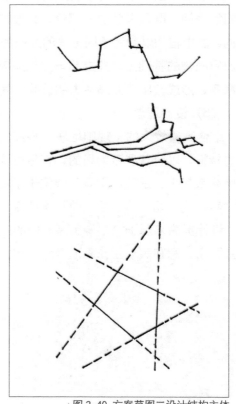

▲图 2-40 方案草图二设计结构主体

（1）结构主体

不规则的折线、多边形。

折线一般是人对自然加以改造的人工加工的痕迹，在园林中折线元素的运用会更具现代化。不规则的折线在长度和方向上都带有明显的随机性，显示了自然界中不规则直线物体的特点。

当使用不规则直线、多边形等元素塑造园林空间时，要注意线条在长度与方向上的统一与变化，切忌死板的构图，同时也应当避免出现锐角。

（2）设计手法

采用折线作为主要的设计主体，古朴与生态的设计元素相互融合，从场地的基址出发，考虑游人的体验，寻找场地的优质路径。在景观元素之中加入古朴自然的设计语言，交错的根系、粗糙的石块、淙淙叠瀑等元素营造出的室外空间，给人带来多重的感官体验。景观轴同时也是视线廊道，空间的闭合与开放、场景的不同（兰花的种植）、动静的不同（瀑布跌水）等给人以丰富的视听感受。借助地形高差和水系形成一系列的观景平台，通过不同的景观视角，可以体验多层空间景观，植物种植需适当留出透视域，将外部景观引入到展园之中，形成良好的"借景"。

以折线为游览园路，利用台地的优势挑空木栈道设计出下层玻璃立柱空间，可在栈道上或温室一层廊道空间观赏仿生动物，同时在上升台地曲折的道路上设计鸟类展示廊架空间。方案打破常规设计手法，巧妙结合道路与多层次空间作为主要展示场所，有创新性和趣味性。

（3）设计理念

该地地处广西乐业，用地规划为兰花展示园。地块为高差较大的狭长形三角形地块，由一条自由曲折的折线步道贯穿全园，将兰花温室展区和室外展区联系起来。扇形的兰花展示园位于轴线北端，与室外景观进行了一体化设计。

展园以"兰之画卷"为核心理念，将静止的观赏与动态的互动相结合，形成了以展示为中心的兰园画卷，让人仿佛置身于立体的画境之中。与温室建筑相对的玻璃幕墙形成了园内的特色景点，游客在外部透过钢化玻璃可以看到内部的生态景观，内部通过仿生的动植物展示，将灵动鲜活的自然画卷展现在人们面前，形成"再现自然景观"。这与北面的温室建筑形成了曲与直、自由与严谨的鲜明对比。展园内充分利用地形特点设计了覆土的动植物展示廊，展示自然界生态系统的循环共生过程，传达生态系统循环往复、生生不息的永恒命题，以此向游客打开一幅幅"兰之画卷"。

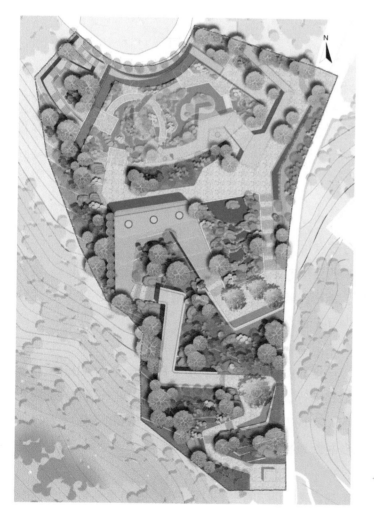

◀图 2-41 乐业兰花温室及其展园景观方案二平面图

2.3.3 方案三

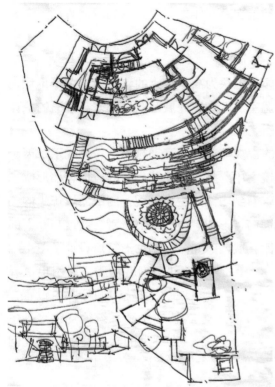

▲图 2-42 乐业兰花温室及其展园景观方案草图三

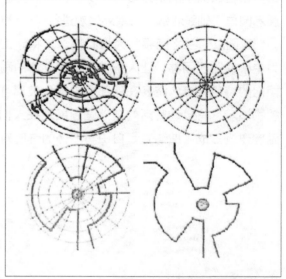

▲图 2-43 方案草图三设计结构主体

（1）结构主体

弓形（主园路）、半圆形（部分节点）、矩形（木质展廊部分）。

根据温室原来的扇形而衍生出来的弓形道路，在节点部分也采用了圆的一部分，南部的矩形元素打破了原有的弓形元素，矩形元素的介入会使得方案更令人印象深刻，但注意不要滥用过多的元素，否则会显得杂乱无章。

（2）设计手法

以弧线形的景观路为公园主路，连接和贯穿各功能区和多个景观节点，自由舒展，蜿蜒曲折。若要到达不同的景点则需沿路而行，园路在曲折的变化形式中延长了游人的游览路线，增加了游客与植物的互动行为，实现了科普游览的目的。园中植物以栽种各种形式的兰花为主，同时用乔、灌、草的多种配置模式来营造开放空间、半开放空间以及私密空间等。

设计构思融入可持续发展的生态观，采用科学的生态设计方法，在尊重原有场地地形、地貌的条件下，设计中的各要素均与自然统一协调，符合生态功能需求。

（3）设计理念

利用其地块高差较大、形状为不规则的地块的特征，以一条自由漫步的弧形通道作为轴线，将兰花温室展区和室外展区联系起来。扇形的兰花展示园位于轴线北端，与室外景观进行一体化设计，错落有致的层次感和多元的空间感成为园区建设的特色，室外展区则根据温室建筑的外形以弧形为主，塑造了园中的主要景观——月兰湾。

月兰湾的灵感来源于新月的弧形，与温室建筑的弧形相互契合，根据场地的特点设计成一个覆土的室外展廊，镶嵌在场地中，成为核心景观之一。兰是"花中四君子"之一，在展园之中，人们可以看到兰花的四时之景，而月有阴晴圆缺，代表事物的一种发展过程，这种理念与兰花四季变化和植物生长过程相契合。月兰湾的设计理念始终呈现着一种新生的昂扬状态，让人能更好地从科普景观中了解兰花生长的每一个过程。

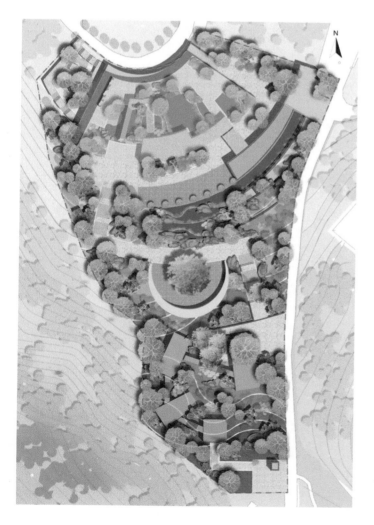

◀图 2-44 乐业兰花温室及其展园景观
方案三平面图

FIVE DESIGN MODULE TRAINING

五大设计模块训练

03

3.1 模块训练一——基本设计元素训练

从元素、细化、结构、成图四个方面系统训练对方案的平面组织设计能力，解决设计思维混乱、无从下手的现象，为后期空间营造训练和景观元素形体推敲锤炼扎实的构图基本功。

3.1.1 创作要求

选择一个中小型园林平面方案（获奖作品或优秀方案）作为再次设计训练的目标，经过思考绘制出 4 张设计推演图。

（1）结构分析：绘出主要道路或者主要视线空间。

（2）元素提取：绘出主要形态＋道路＋组合形式。

（3）细节/深化：在元素提取的基础上，增加小品、水体、地形、波打线等元素。

（4）成图：在深化图的基础上，增加等高线、草地、植物、阴影。

3.1.2 绘图注意事项

（1）先用铅笔打底稿，再用针管笔手绘描线稿。

（2）主次道路结构图需用不同颜色的虚线表达，需给道路绘制黑色阴影，增加立体感。

（3）请在硫酸纸正面上墨线，背面上色。

（4）草坪打点应从边界线往里，用0.05mm 或 0.1mm 针管笔由密集至稀疏垂直打点。

（5）结构图和元素提取图可以在空白处添加彩色线性纹理，增强图底关系。

3.1.3 训练创作示例

（1）创作示例一

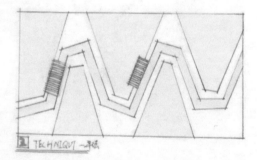
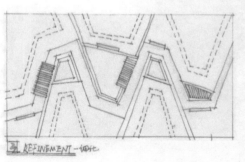
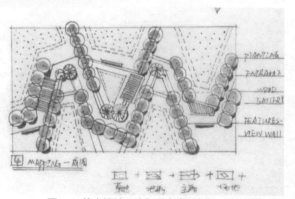

▲ 图 3-1 基本设计元素训练创作示例一（陈一嘉 绘）

（2）创作示例二

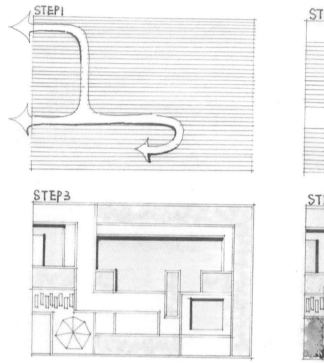
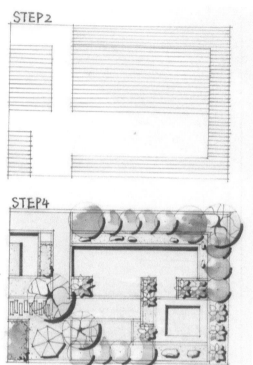

▲图 3-2 基本设计元素训练创作示例二（何祎纯 绘）

（3）创作示例三

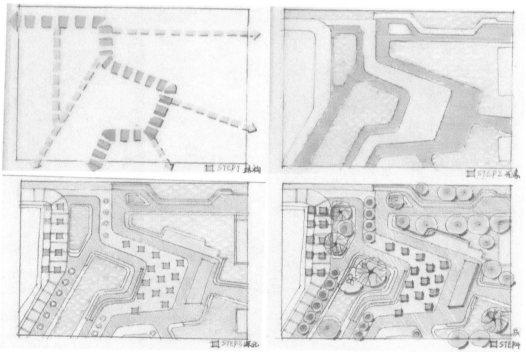

▲图 3-3 基本设计元素训练创作示例三（唐艺超 绘）

（4）创作示例四

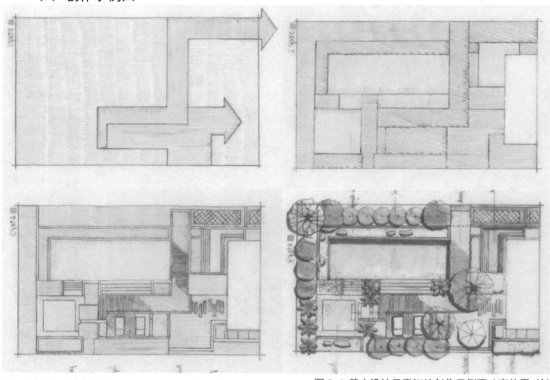

▲图 3-4 基本设计元素训练创作示例四（李佳男 绘）

（5）创作示例五

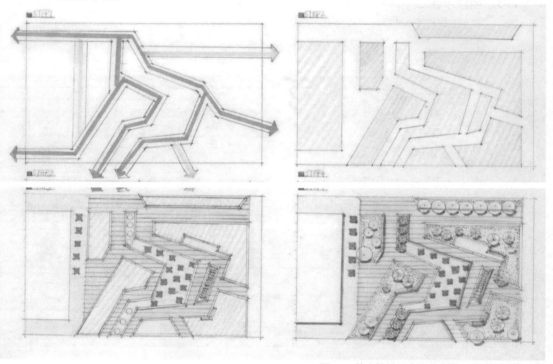

▲图 3-5 基本设计元素训练创作示例五（陆茜 绘）

3.2 模块训练二——空间构成训练

结合第一阶段的平面构成训练进行升级，从节点平面推导出空间构成，完成小空间中不同属性的景观元素的推敲设计训练。全面掌握景观设计中的空间地位、尺度规范、形体构造、工艺手法等景观设计必备的综合素质，为实战中项目节点平面深化及小品创意推敲做好准备。

3.2.1 创作要求

选择一个景观轴线空间或景观节点作为参考图，经过思考绘制出以下4张思维推演图。

（1）平面透视：用单线表达平面空间和立面空间，并完成上色。

（2）空间生成：生成Y轴方向体块，并完成上色。

（3）细节／深化：生成道路广场波打线（铺装分割线），在路缘石或压顶、屋檐处绘制阴影，并完成上色。

（4）成图：在深化图的基础上，增加前景树、中景树、背景树，以及人物、小鸟、鸽子等烘托氛围的元素。

3.2.2 绘图注意事项

（1）先用铅笔打底稿，再用针管笔手绘描线稿。

（2）人物上色只需绘制中间部分，人物阴影用针管笔斜线排线表达。

（3）每张图需用引线引出元素名称，用英文表达。在方框内的引线用虚线表示，在方框外的引线用实线表示。

（4）硫酸纸在墨线稿的背面上色，植物、草地、天空、水体可用不同色彩线性表达。乔木用细线画圆，内圆用虚线描绘；针叶灌木在外轮廓加放射图形表示。

3.2.3 训练创作示例

（1）创作示例一

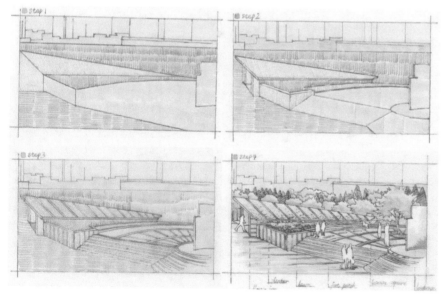

◄图3-6 空间构成训练创作示例一（李佳男绘）

（2）创作示例二

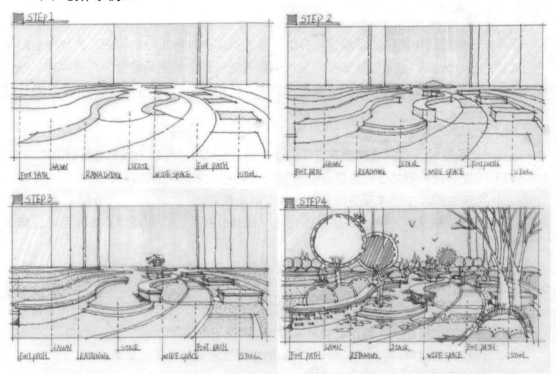

▲图 3-7 空间构成训练创作示例二（苏阳雨 绘）

（3）创作示例三

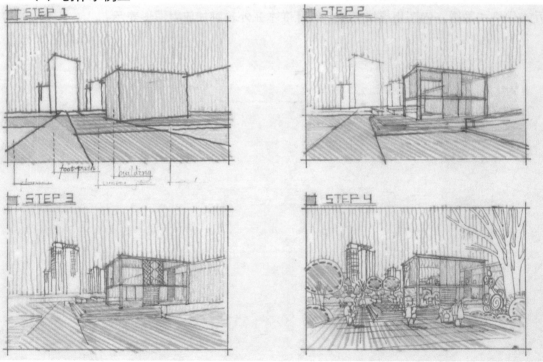

▲图 3-8 空间构成训练创作示例三（陈铭沛 绘）

（4）创作示例四

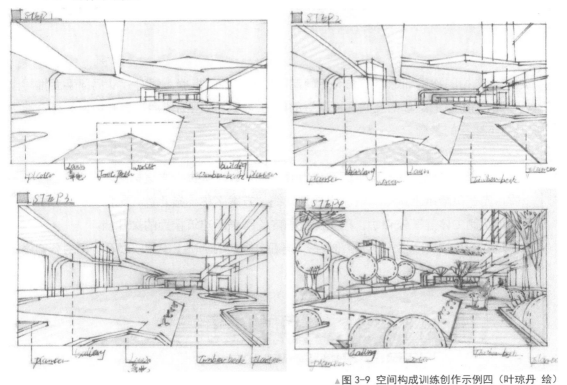

▲图 3-9 空间构成训练创作示例四（叶琼丹 绘）

（5）创作示例五

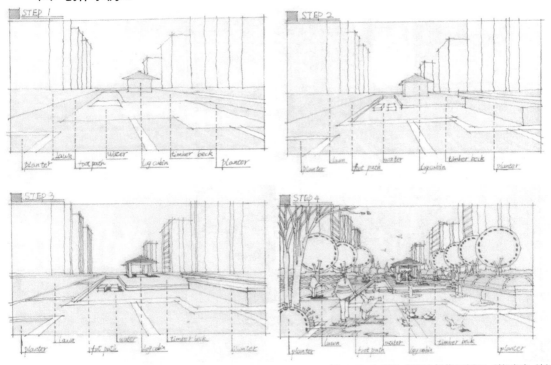

▲图 3-10 空间构成训练创作示例五（熊瑞清 绘）

3.3 模块训练三——平面拓图 + 平面转空间训练

通过大量拓图积累训练，加强对空间制图的严谨性的把握。同时，从局部平面推导出立体空间的训练，锻炼草图空间透视推导的能力及细化成图的能力，为方案设计综合能力的提升打下坚实的基础。

3.3.1 平面拓图创作要求

（1）选择一张优秀的方案平面图作为底图，用硫酸纸进行方案拓图。

（2）先在硫酸纸上排版，绘制出规划红线、方案名称、指北针、比例尺。

（3）绘制主体建筑外轮廓，再用虚线画内轮廓表示建筑楼顶的女儿墙。

（4）勾勒出方案的道路及场地分界线，再在分界线的基础上绘制双线及场地的分割线。

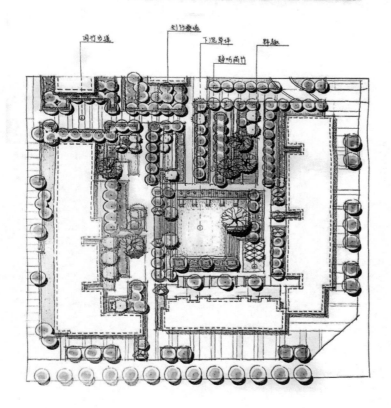

◀图 3-11 平面拓图训练创作
示例（陈铭沛 绘）

（5）绘制出小品、雕塑、景墙等园林要素的外轮廓。

（6）绘制出主要节点和主轴线的铺装纹路，其他空间铺装只需绘制出波打线即可。

（7）用铅笔绘制出地被外轮廓线，再用针管笔以之字线或波浪线描地被外轮廓线。

（8）在主要节点和轴线空间上需要绘制乔木的图例，图例用2~3种即可；其他次要空间或草坪空间可用圆圈或用云树表示即可。

（9）绘制出建筑物、构筑物和植物的阴影。

（10）用马克笔在硫酸纸的背面上色。

（11）植物色彩请遵循重要节点和主要轴线空间选择彩叶树种（1~2种）和浅绿色作为草坪，其他次要空间选择绿色（1~2种）作为乔木，深绿色作为地被。

（12）用索引线标注景点名，标题和景点名需用中英文表示。

（13）所有的墨线稿可以用黑色、蓝色或者红色针管笔绘制。

3.3.2 平面转空间创作要求

在已经绘制好的平面图上选择一个主要景观轴线或者一个主要景观节点进行拓图，根据平面图推演出空间透视图。具体绘图要求请参照模块训练二的创作要求绘制。

▲图3-12 平面转空间训练创作示例（陈铭沛 绘）

3.3.3 训练创作示例

(1) 创作示例一

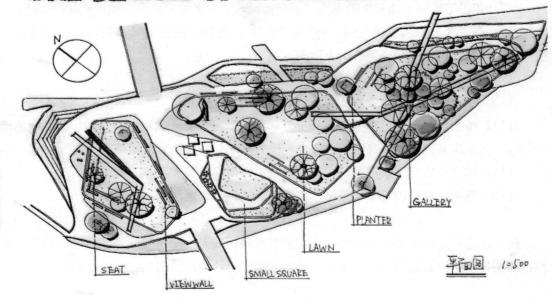

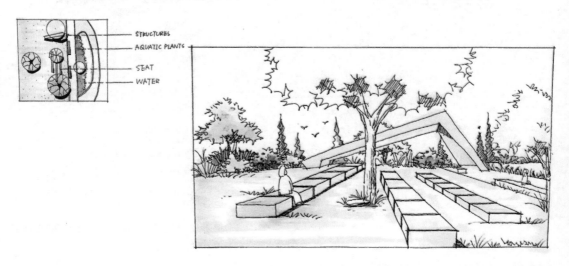

▲图 3-13 平面拓图 + 平面转空间训练创作示例一（何祎纯 绘）

（2）创作示例二

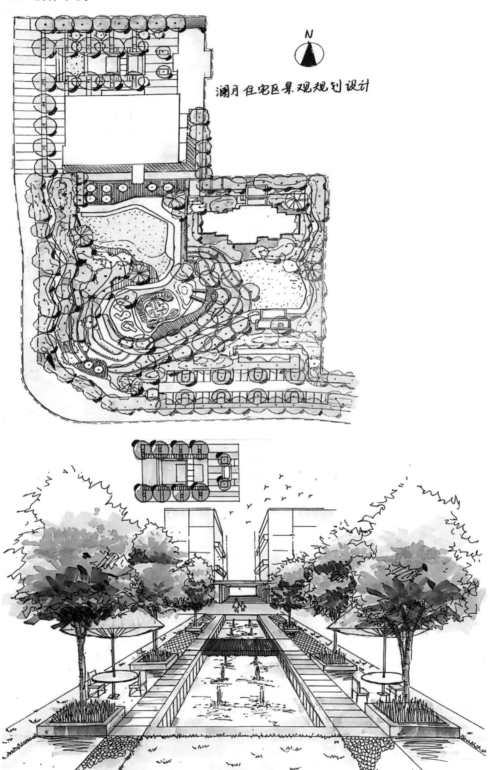

澜月住宅区景观规划设计

▲图 3-14 平面拓图＋平面转空间创作训练示例二（黄大得 绘）

（3）创作示例三

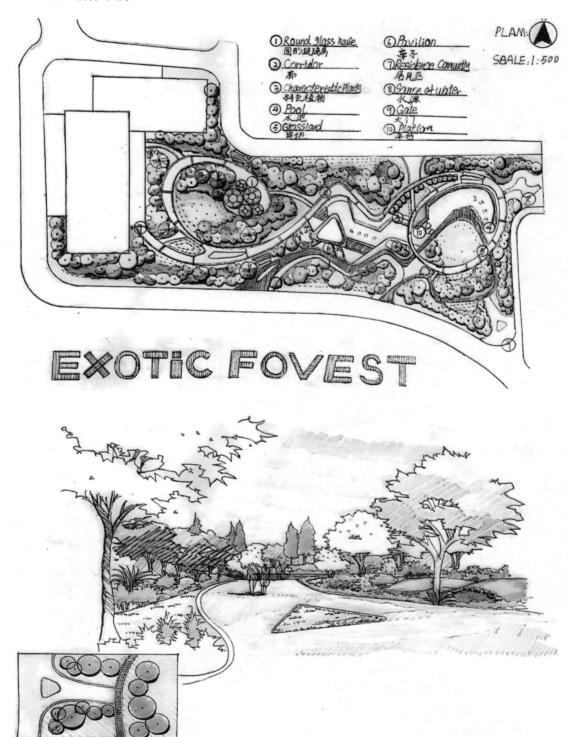

▲图 3-15 平面拓图 + 平面转空间训练创作示例三（莫金梅 绘）

（4）创作示例四

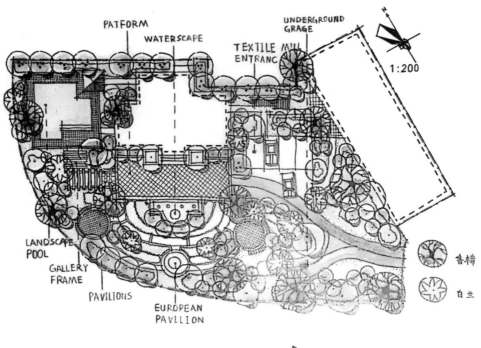

▲图 3-16 平面拓图 + 平面转空间训练创作示例四（唐艺超 绘）

（5）创作示例五

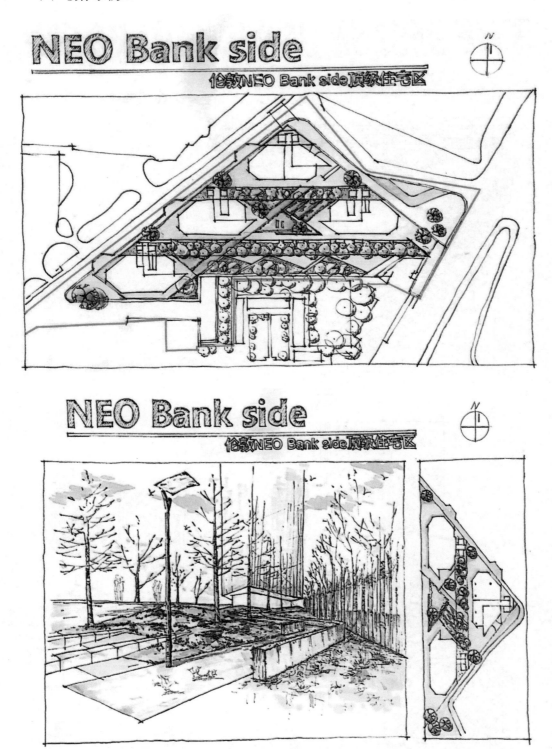

图 3-17 平面拓图 + 平面转空间训练创作示例五（叶琼丹 绘）

3.4 模块训练四——方案组织训练

在前期完成了大量的空间设计训练及相关的设计理论学习的基础上，结合实战项目的多案例分享及现场创作演示，从源头分析该如何进行实战项目设计，从多方面的构思到最终的图纸制作，综合掌握项目实战设计能力。

3.4.1 方案组织训练设计一：办公中庭景观设计

（1）项目概况

该项目为办公高层建筑的一层中庭，长 90m，宽 40m，面积 3600m²。四面为玻璃幕墙，出入口共 4 个。

（2）设计要求

①使高层建筑中庭空间更具人性化、生态化、时代性和前瞻性。

②提高整体空间品质，丰富空间内容，给人以丰富的景观体验。

③合理考虑交通与功能分区的关系，适当设计出休息和交流空间。

（3）图纸要求

①景观总平面图一张，比例 1:500。

②景观透视图两张。

③分析图若干张。

④景观剖立面图两张，比例自定。

⑤适当的文字说明，不少于 150 字。

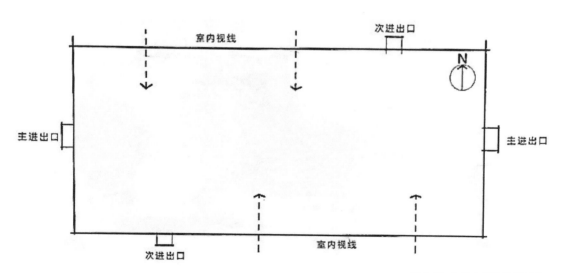

▲图 3-18 办公中庭基地概况图

（4）训练创作示例

①创作示例一

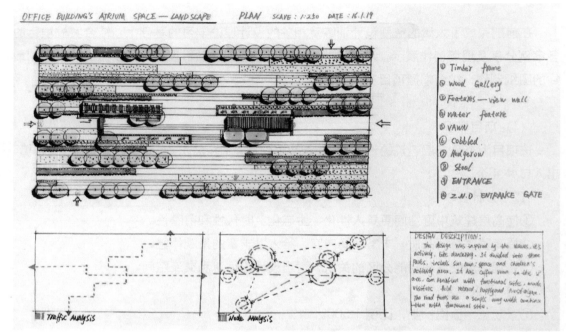

▲图 3-19 办公中庭景观设计创作示例一平面方案／分析图（C 组 创作）

▲图 3-20 办公中庭景观设计创作示例一效果图（C 组 创作）

②创作示例二

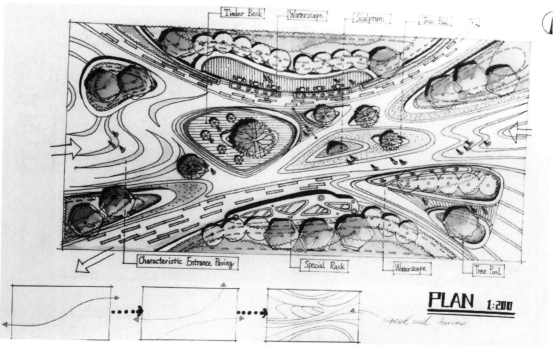

▲图 3-21 办公中庭景观设计创作示例二平面方案（C 组 创作）

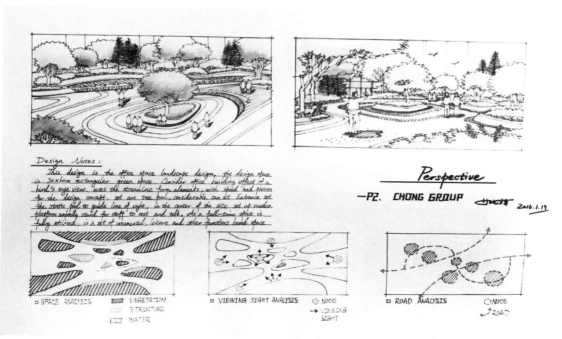

▲图 3-22 办公中庭景观设计创作示例二效果图／分析图（C 组 创作）

③创作示例三

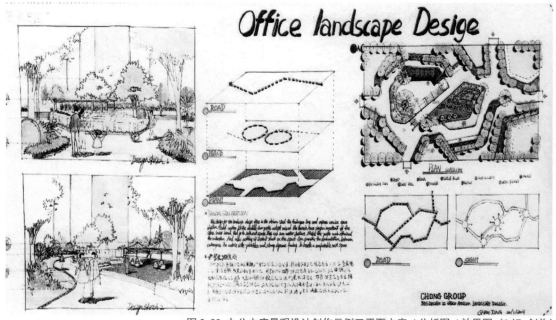

▲ 图3-23 办公中庭景观设计创作示例三平面方案／分析图／效果图（C组 创作）

④创作示例四

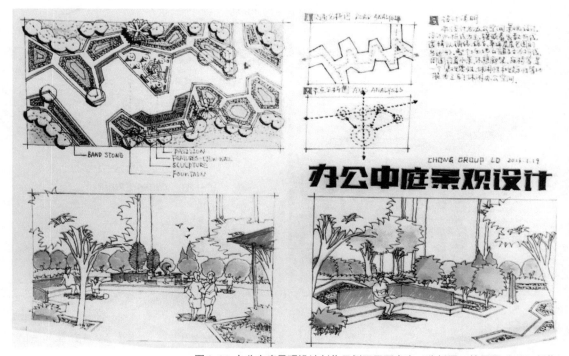

▲ 图3-24 办公中庭景观设计创作示例四平面方案／分析图／效果图（C组 创作）

⑤创作示例五

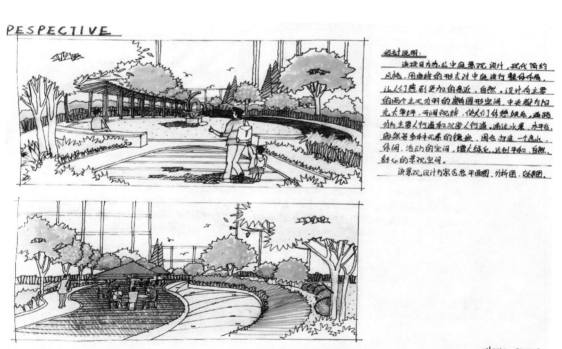

OFFICE BUILDING'S ATRIUM SPACE—
LAOSCAPE

Features - view wall
BAND STONE
Water feature
VAWN
timber beck

deckiny Loak
deck promenade
Sculpture
Trellis feature

PLAN SCAVE: 1:250

meters main road
主要人行通路
grades road
次要人行通路

TRAFFIC ANALYSIS

FUNCTION ANALYSIS

主要空间
次要空间
景观轴

CHONG. GROUP
Li Jian Fen 2016.1.19. 1

▲图 3-25 办公中庭景观设计创作示例五平面方案／分析图（C 组 创作）

PESPECTIVE

设计说明：
　本项目为办公中庭景观设计，现代简约风格，用曲线的形式对中庭进行整体布局，让人们感到更加的亲近、自然。设计向主要的两个主次分明的椭圆形空间，中央都为阳光大草坪，开阔视线，使人们休憩娱乐，通路为主要人行通和次要人行通，通过水景、水色，使观景多种元素的镶嵌、围合。达到一个亲水、休闲、活动的空间，增大绿化，达到亲和、自然、舒心的景观空间。
　该景观设计为家色总平面图、分析图、效果图。

CHONG. GROUP

▲图 3-26 办公中庭景观设计创作示例五效果图（C 组 创作）

⑥创作示例六

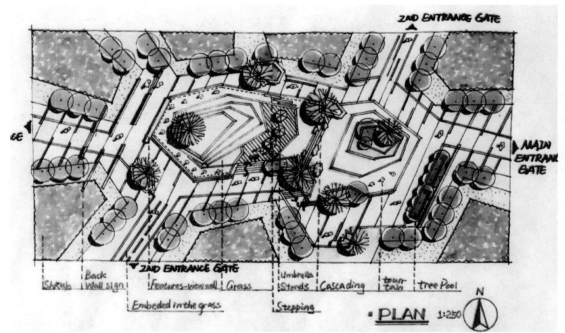

▲图 3-27 办公中庭景观设计创作示例六平面方案（C 组 创作）

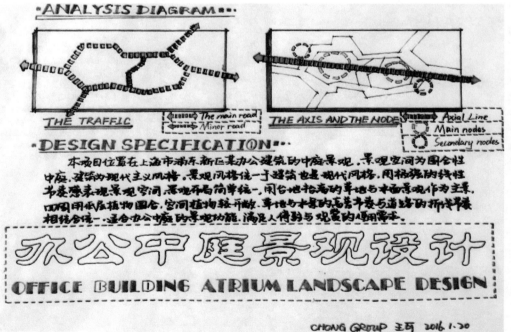

▲图 3-28 办公中庭景观设计创作示例六分析图（C 组 创作）

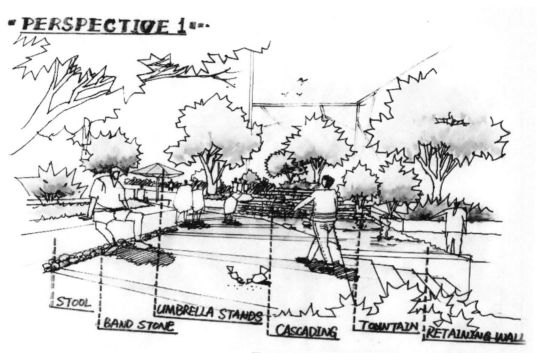

▲ 图 3-29 办公中庭景观设计创作示例六效果图一（C 组 创作）

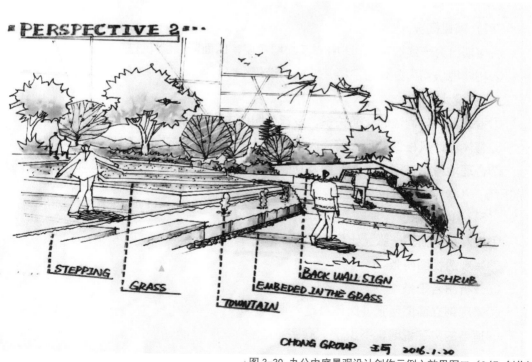

▲ 图 3-30 办公中庭景观设计创作示例六效果图二（C 组 创作）

3.4.2 方案组织训练设计二：城市绿地公园设计

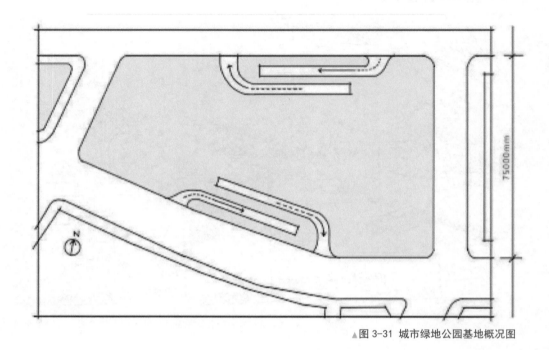

▲图 3-31 城市绿地公园基地概况图

（1）项目概况

①该项目为一线城市 CBD 中心区绿地景观，四面紧临城市主干道路。

②相邻地块均为办公写字楼，地块下设停车场。

（2）设计要求

①考虑基地与周边的交通关系，设置公园的主次入口（开场空间）。

②整体设计风格保持现代简洁风格，设计手法自定，不宜过于繁琐。

③合理地考虑不同的景观空间及功能空间的组织关系，要求设计出 150m^2 左右的儿童游乐场，200m^2 左右的公共建筑。

（3）图纸要求

①景观总平面图一张，比例为 1:500。

②景观透视图两张。

③分析图若干张。

④景观剖立面图两张，比例自定。

⑤适当的文字说明，不少于 150 字。

（4）训练创作示例

①创作示例一

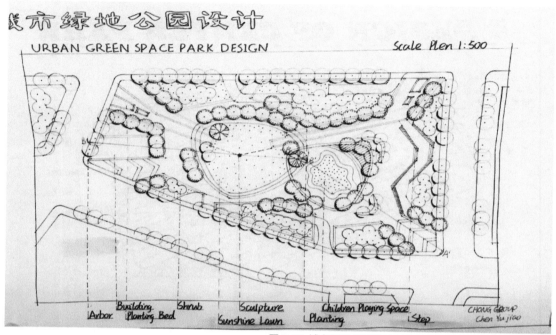

▲ 图 3-32 城市绿地公园设计创作示例一平面方案（C 组 创作）

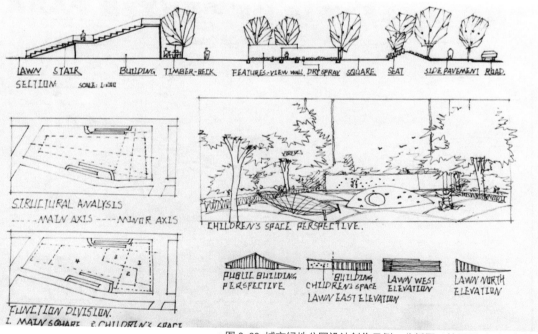

▲ 图 3-33 城市绿地公园设计创作示例一分析图／效果图（C 组 创作）

②创作示例二

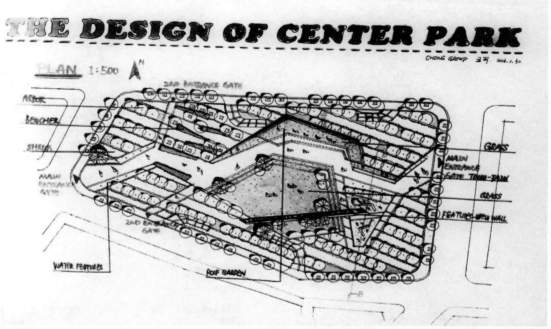

▲图 3-34 城市绿地公园设计创作示例二平面方案（C 组 创作）

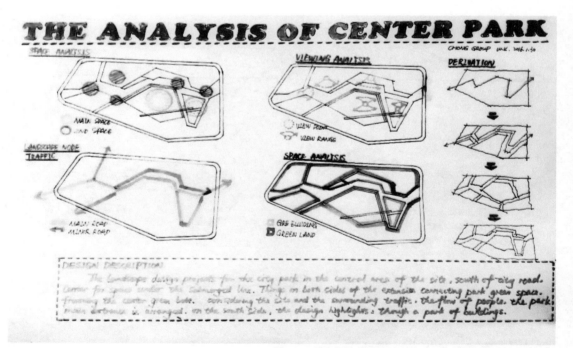

▲图 3-35 城市绿地公园设计创作示例二分析图一（C 组 创作）

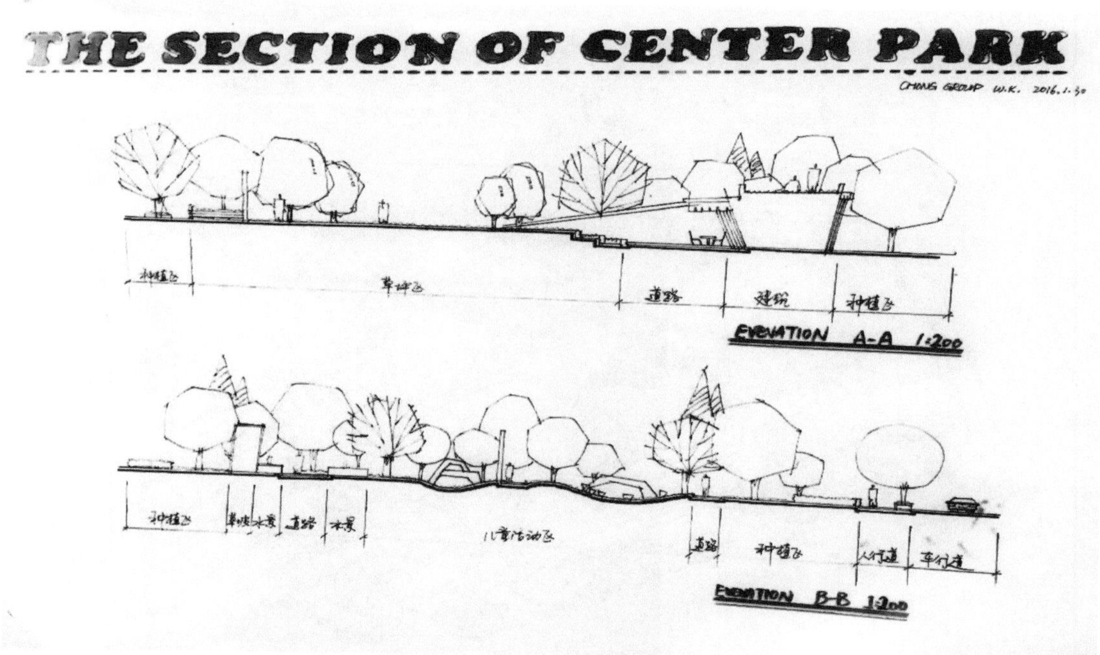

THE SECTION OF CENTER PARK

CHONG GROUP W.K. 2016.1.30

EVELATION A-A 1:200

EVELATION B-B 1:200

▲图 3-36 城市绿地公园设计创作示例二分析图二（C 组 创作）

THE PERSPECTIVE OF CENTER PARK

CHONG GROUP W.K. 2016.1.3

BUILDING

FEATURES-VIEW WALL

GRASS

WATER FEATURES

FEATURES-VIEW WALL
BUILDING
GRASS SLOPE
BEACHER

▲图 3-37 城市绿地公园设计创作示例二效果图（C 组 创作）

③创作示例三

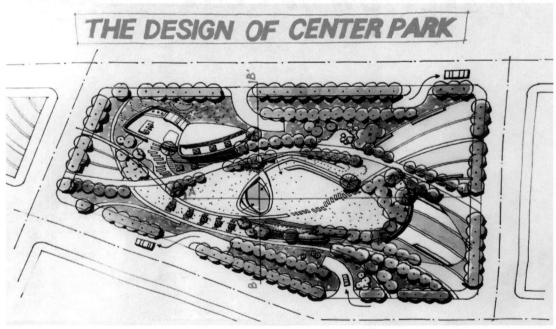

▲图 3-38 城市绿地公园设计创作示例三平面方案（C 组 创作）

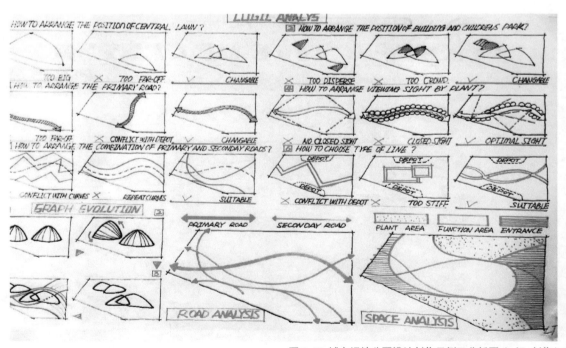

▲图 3-39 城市绿地公园设计创作示例三分析图（C 组 创作）

▲图 3-40 城市绿地公园设计创作示例三效果图一（C 组 创作）

▲图 3-41 城市绿地公园设计创作示例三效果图二（C 组 创作）

④创作示例四

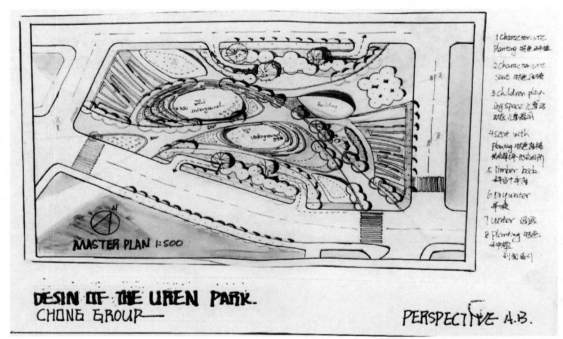

▲图 3-42 城市绿地公园设计创作示例四平面方案（C 组 创作）

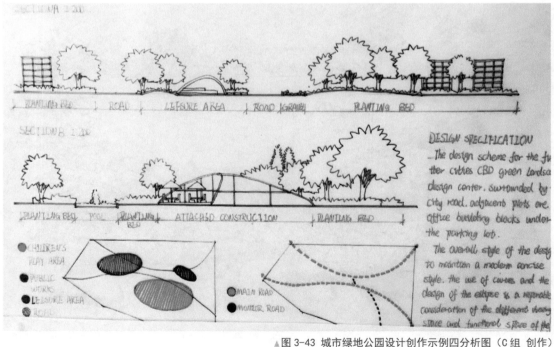

▲图 3-43 城市绿地公园设计创作示例四分析图（C 组 创作）

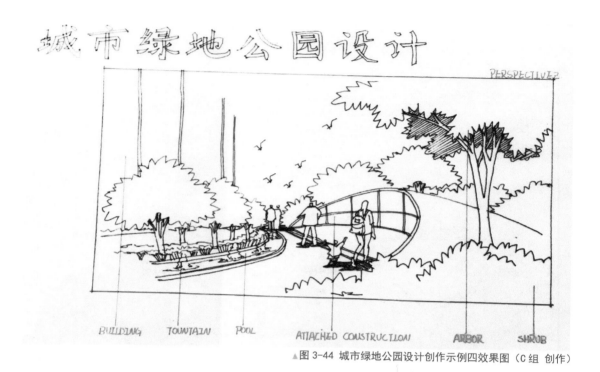

▲图 3-44 城市绿地公园设计创作示例四效果图（C 组 创作）

⑤创作示例五

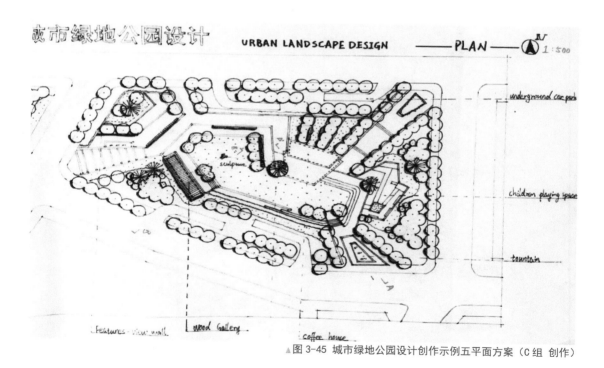

▲图 3-45 城市绿地公园设计创作示例五平面方案（C 组 创作）

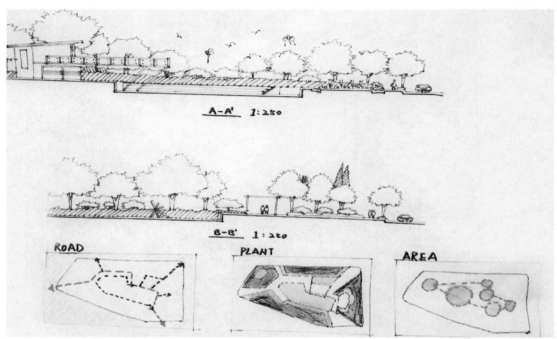

▲图 3-46 城市绿地公园设计创作示例五分析图（C 组 创作）

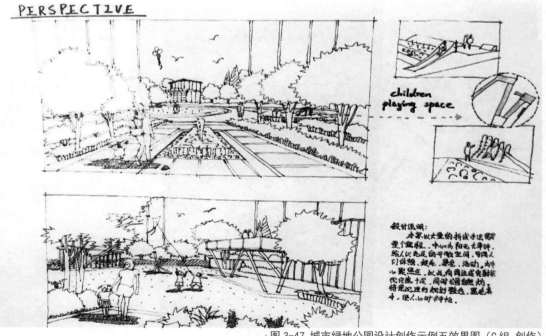

▲图 3-47 城市绿地公园设计创作示例五效果图（C 组 创作）

⑥创作示例六

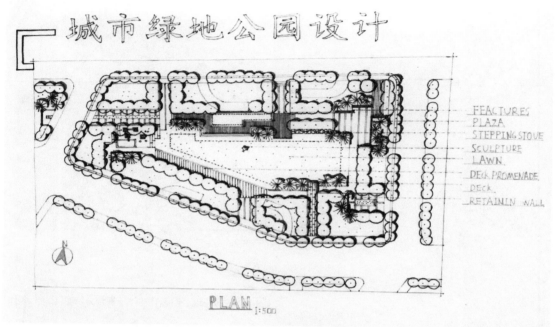

▲图 3-48 城市绿地公园设计创作示例六平面方案（C 组 创作）

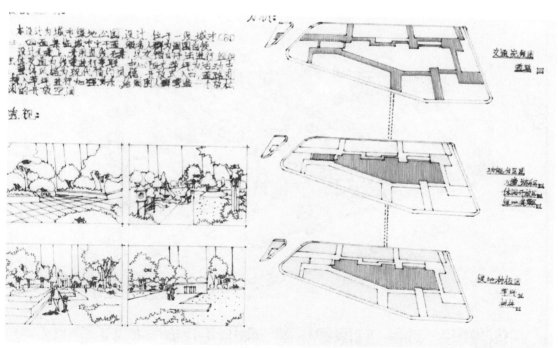

▲图 3-49 城市绿地公园设计创作示例六效果图／分析图（C 组 创作）

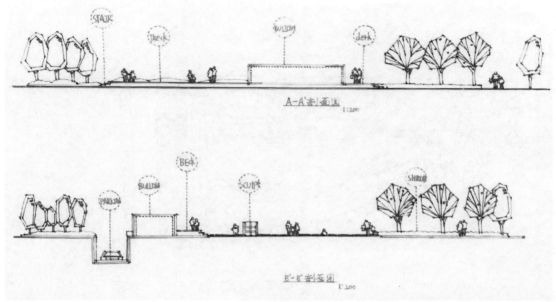

▲图 3-50 城市绿地公园设计创作示例六分析图（C 组 创作）

⑦创作示例七

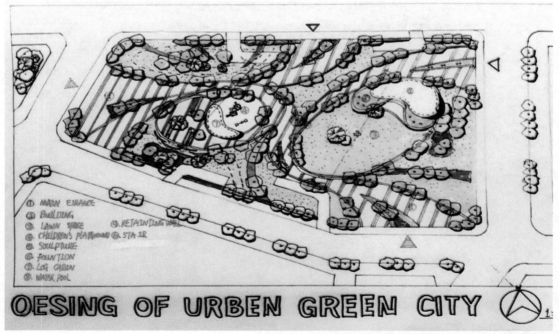

▲图 3-51 城市绿地公园设计创作示例七平面方案（C 组 创作）

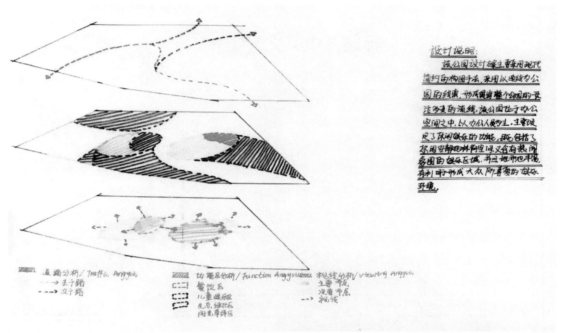

▲ 图 3-52 城市绿地公园设计创作示例七分析图（C 组 创作）

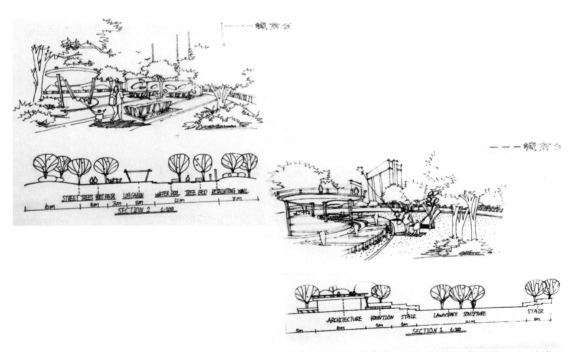

▲ 图 3-53 城市绿地公园设计创作示例七分析图 / 效果图（C 组 创作）

3.4.3 方案组织训练设计三：南方某城市沿河地段景观改造设计

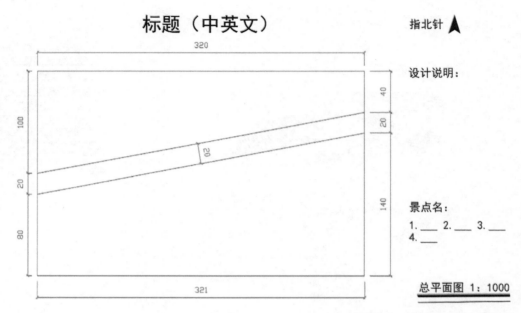

▲图3-54 南方某城市沿河地段基地概况图

（1）项目概况

这是南方某城市沿河地段逐步进行的景观改造项目，地块为长条形，规划范围如图3-54，长320m，宽200m，中间有一宽20m的河道穿过项目用地。地块南面为商业区，北面为居住小区。

（2）设计要求

①现有城市河道为硬质毛石驳岸，需改造成以生态型软质驳岸为主的驳岸形式。

②主体突出，风格鲜明，体现时代气息与地方特色。

（3）设计内容

①总平面1:1000，要标注主要景点和设施（需要有一个厕所）。

②分析图（功能分区、交通组织、植物分析、景观结构、竖向分析）。

③剖面图2个（主要轴线或重要节点，特别是有地形的区域）。

④局部效果图2个。

⑤设计说明150字左右。

（4）图纸要求

需要上交三张A3成果图：

①第一张A3设计图的内容：标题＋总平面图＋设计说明＋景点名。

②第二张A3设计图的内容：分析图5个，剖面图2个。

③第三张A3设计图的内容：两张局部效果图。

（5）训练创作示例

①创作示例一

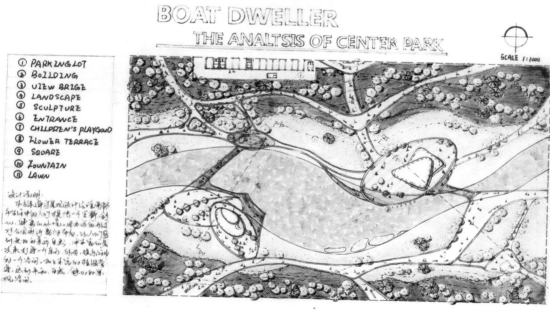

▲图 3-55 滨河设计创作示例一平面图（叶琼丹 绘）

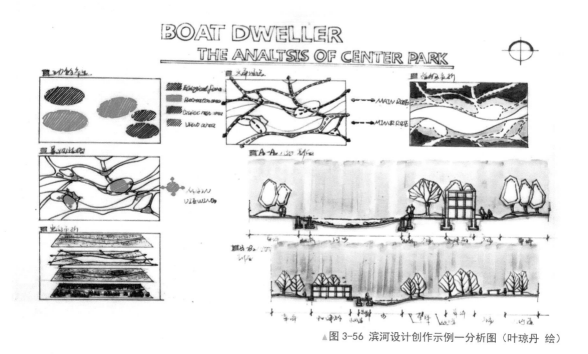

▲图 3-56 滨河设计创作示例一分析图（叶琼丹 绘）

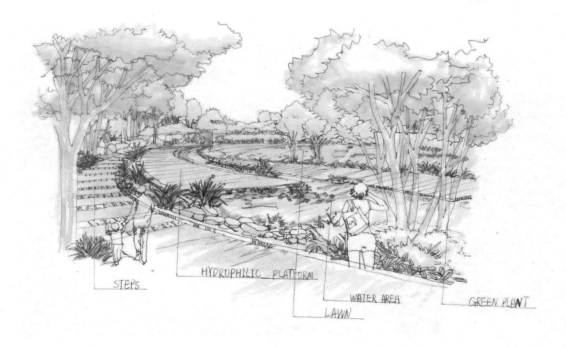

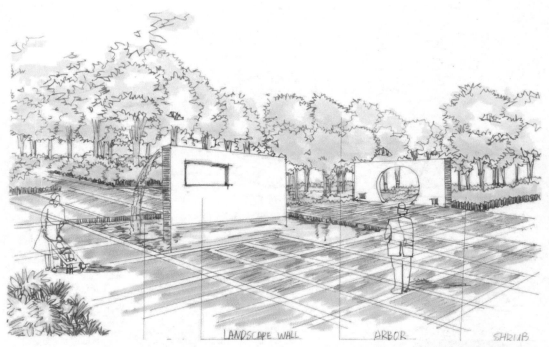

▲图 3-57 滨河设计创作示例一效果图（覃靖 绘）

②创作示例二

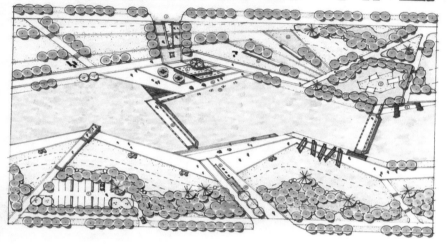

▲图 3-58 滨河设计创作示例二平面图（唐艺超 绘）

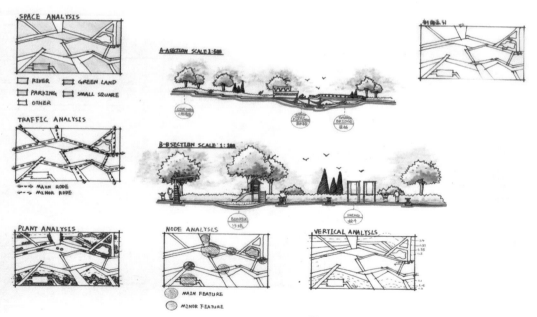

▲图 3-59 滨河设计创作示例二分析图（唐艺超 绘）

▲图 3-60 滨河设计创作示例二效果图（唐艺超 绘）

③创作示例三

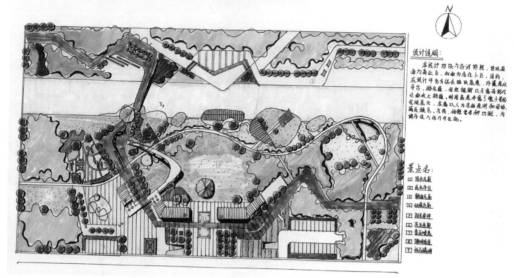

▲图 3-61 滨河设计创作示例三平面图（覃定甲 绘）

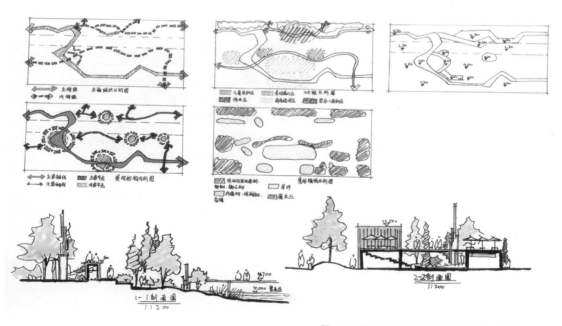

▲图 3-62 滨河设计创作示例三分析图（覃定甲 绘）

Hand Drawing 2

Sky

Dense planting

Children's play facilities

Foot path

Seat   Paving

Trellis

Planting

Evergreen hedge

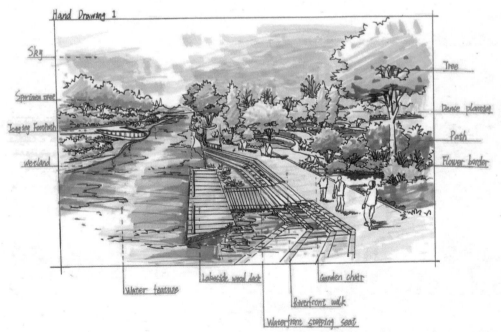

Hand Drawing 1

Sky

Specimen tree

Jogging footpath

wetland

Tree

Dense planting

Path

Flower border

Water feature

Lakeside wood dock

Garden chair

Riverfront walk

Waterfront stopping seat

▲图 3-63 滨河设计创作示例三效果图（覃定甲 绘）

④创作示例四

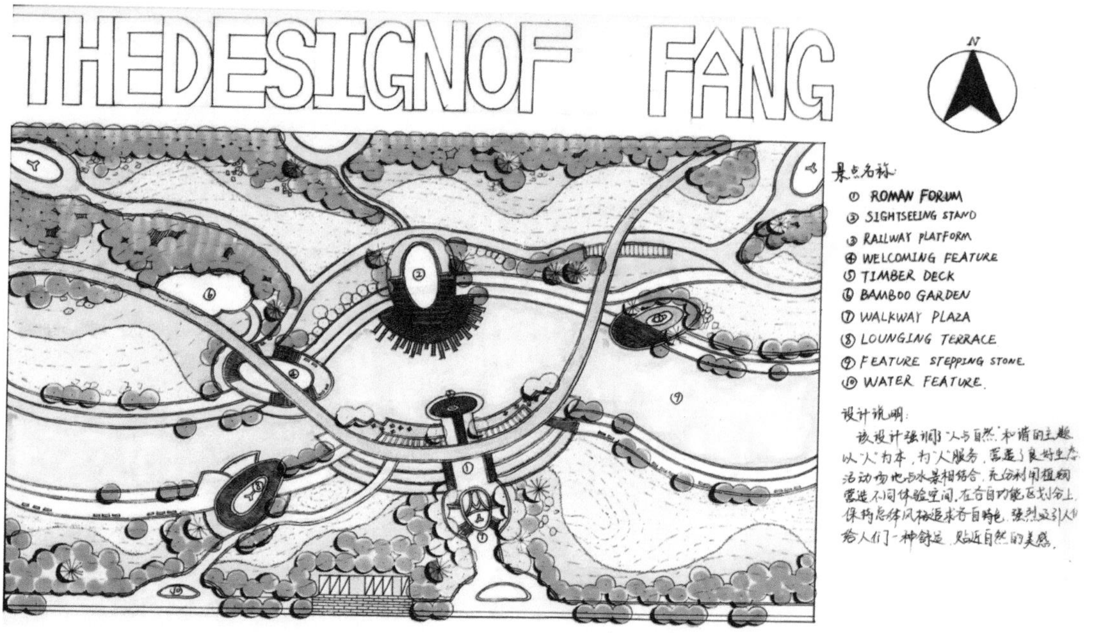

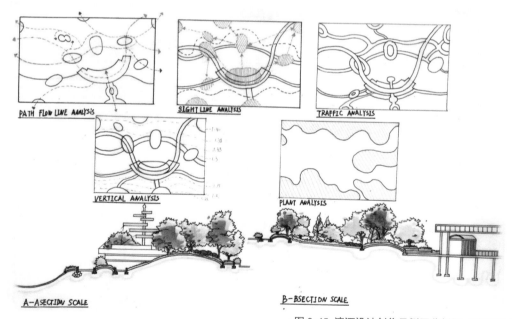

THE DESIGN OF FANG

景点名称
① ROMAN FORUM
② SIGHTSEEING STAND
③ RAILWAY PLATFORM
④ WELCOMING FEATURE
⑤ TIMBER DECK
⑥ BAMBOO GARDEN
⑦ WALKWAY PLAZA
⑧ LOUNGING TERRACE
⑨ FEATURE STEPPING STONE
⑩ WATER FEATURE.

设计说明
　该设计强调以人与自然、和谐的主题，以人为本，为人服务，营造良好生态活动场地与水景相结合，充分利用植物网罗造不同体验空间，在合理的功能区划分上保持总体风格追求各自自然，强烈地引人给人们一种舒适、贴近自然的美感。

▲图3-64 滨河设计创作示例四平面图（苏阳雨 绘）

PATH FLOW LINE ANALYSIS

SIGHT LINE ANALYSIS

TRAFFIC ANALYSIS

VERTICAL ANALYSIS

PLANT ANALYSIS

A-A SECTION SCALE

B-B SECTION SCALE

▲图3-65 滨河设计创作示例四分析图（苏阳雨 绘）

▲图 3-66 滨河设计创作示例四效果图（李诗欣 绘）

⑤创作示例五

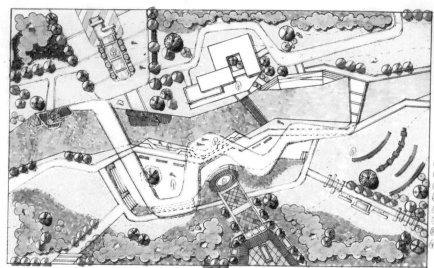

▲图 3-67 滨河设计创作示例五平面图（王彦蘋 绘）

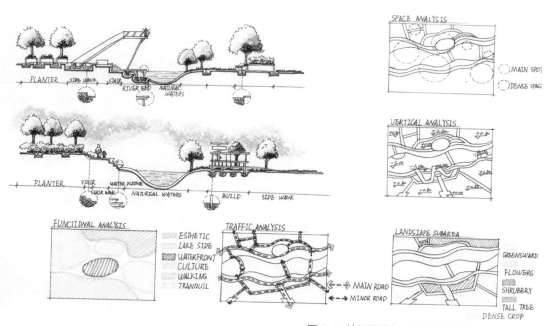

▲图 3-68 滨河设计创作示例五分析图（王彦蘋 绘）

▲图 3-69 滨河设计创作示例五效果图（王彦蘋 绘）

⑥创作示例六

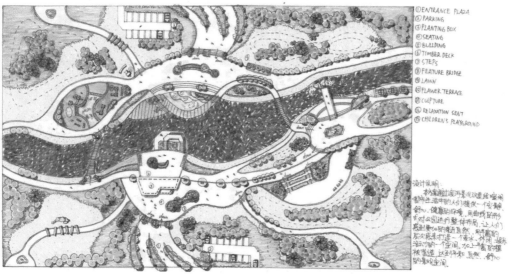

▲图 3-70 滨河设计创作示例六平面图（林晓艺 绘）

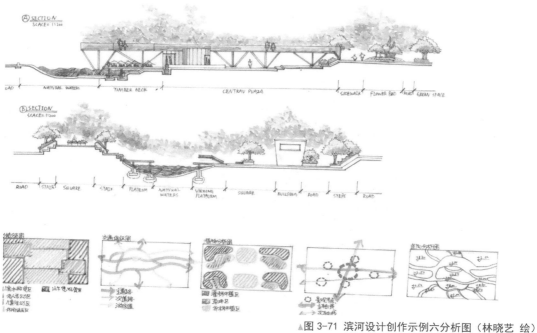

▲图 3-71 滨河设计创作示例六分析图（林晓艺 绘）

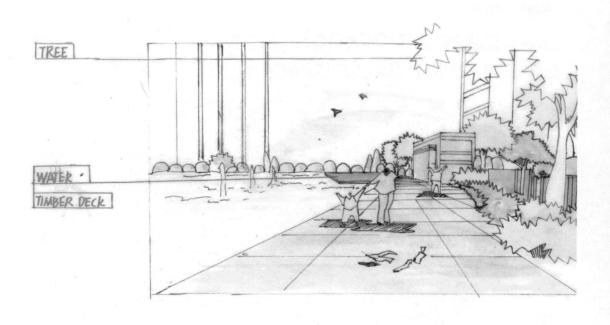

▲图 3-72 滨河设计创作示例六效果图（张梅 绘）

⑦创作示例七

▲图 3-73 滨河设计创作示例七平面图（韩琴伊 绘）

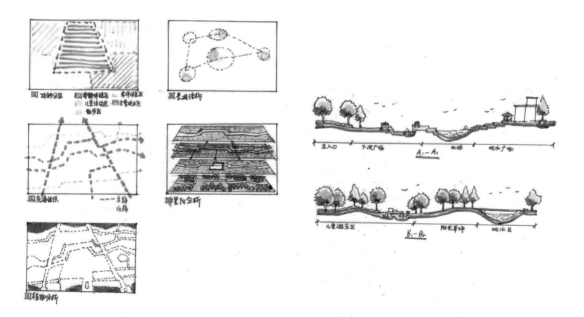

▲图 3-74 滨河设计创作示例七分析图（韩琴伊 绘）

▲图 3-75 滨河设计创作示例七效果图（韩琴伊 绘）

3.4.4 方案组织训练设计四：售楼部景观规划设计

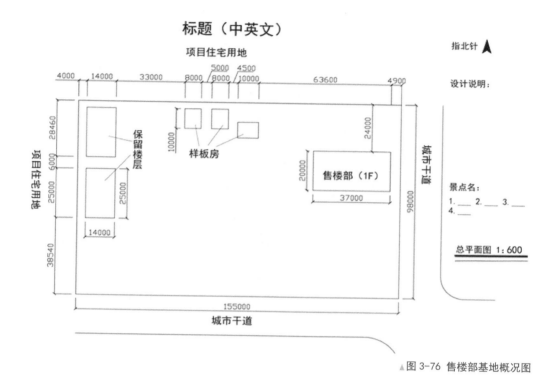

▲图 3-76 售楼部基地概况图

（1）项目概况

该项目为南方某城市中心区住宅小区售楼部景观设计项目，基地南面和东面紧邻城市主干道路，西面和北面紧邻项目住宅用地。

（2）设计要求

①考虑基地与周边的交通关系，设置售楼部的主入口以及停车库人行入口。

②售楼部地面上需配 12 个停车位。

③整体设计风格自定，设计手法自定。

④合理考虑不同的景观空间及功能空间的组织关系，要求设计出洽谈区和儿童游乐区。

（3）图纸要求

①景观总平面图一张，A3 纸，比例 1:600，含大标题、景点名、指北针、比例尺，以及不少于 200 字的设计说明等。

②景观效果图两张，横向排版在一张 A3 纸中。

③分析图四张（功能分析图、结构分析图、交通流线图、植物分析图）；景观剖立面图两张，比例自定。请将分析图和剖立面图横向排版在一张 A3 纸中。

④成果图共三张，设计说明 150 字左右。

（4）训练创作示例

①创作示例一

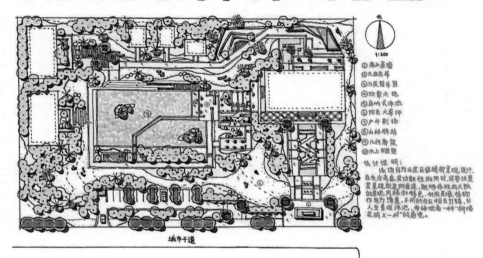

▲图 3-77 售楼部景观设计创作示例一平面图（唐艺超 绘）

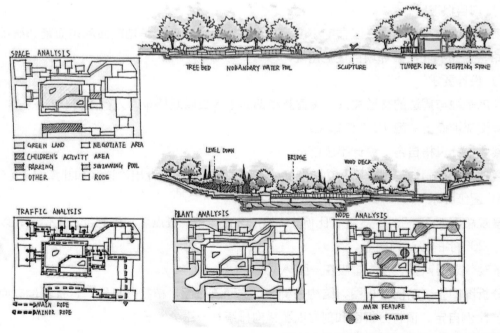

▲图 3-78 售楼部景观设计创作示例一分析图（唐艺超 绘）

图 3-79 售楼部景观设计创作示例一效果图（唐艺超 绘）

②创作示例二

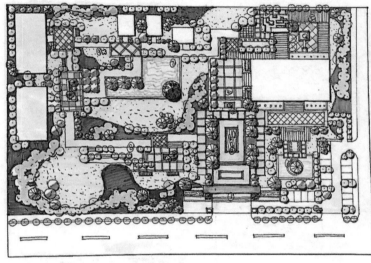

▲图 3-80 售楼部景观设计创作示例二平面图（王彦蘋 绘）

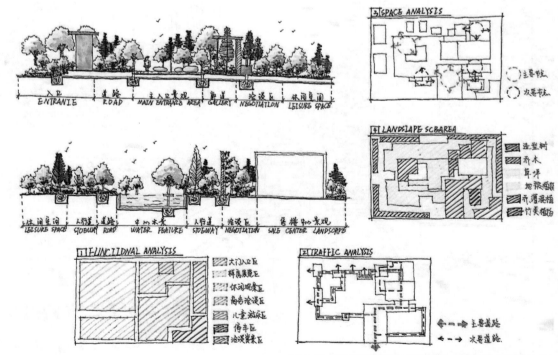

▲图 3-81 售楼部景观设计创作示例二分析图（王彦蘋 绘）

转角景石 ①

休息坐凳 ②

中心水池 ③

入口大门 ①

入口竹子 ②

主入口景观 ③

入口跌水 ④

▲图 3-82 售楼部景观设计创作示例二效果图（王彦蕲 绘）

③创作示例三

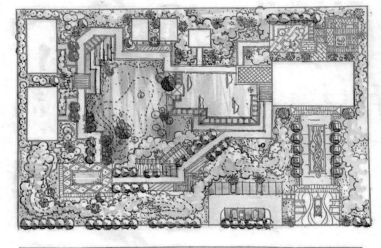

▲图 3-83 售楼部景观设计创作示例三平面图（陈铭沛 绘）

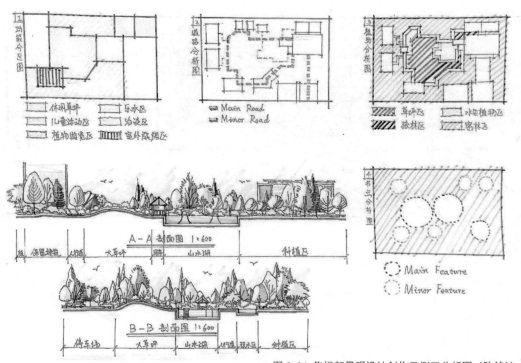

▲图 3-84 售楼部景观设计创作示例三分析图（陈铭沛 绘）

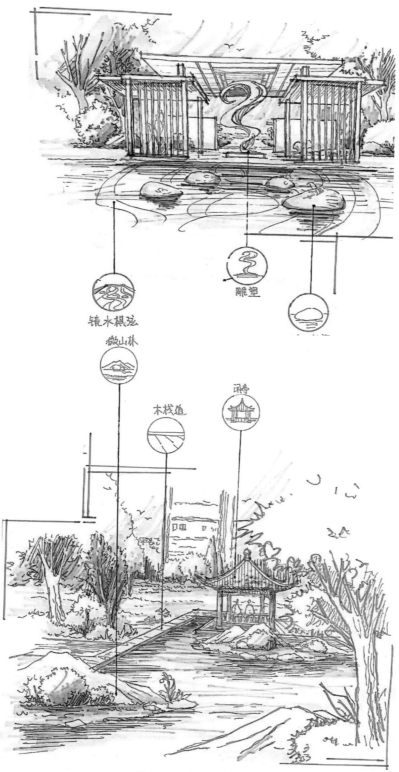

镜水棋弦

雕塑

微山林

木栈道

亭

▲图 3-85 售楼部景观设计创作示例三效果图（陈铭沛 绘）

④创作示例四

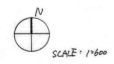

DEMONSTRATION AREA
LANDSCAPE DESIGN

SCALE: 1:600

DESIGN EXPLANATION:

In this design, Landscape bases on the wolden natural style. Landscape composition in order to deal with arc Lines and simple Lines. The cotomosphere, green to maxmize the amount to create a valued, evaluate, nocrural community Landscape.

LABEL:
① ENTRANCE SQUARE
② STRUCTURES
③ WATERSCAPE
④ FEATURE NODE
⑤ LANDSCAPE WALL
⑥ NEGOTIATION AREA
⑦ CHILDREN'S ACTIVITY AREA

▲图 3-86 售楼部景观设计创作示例四平面图（何祎纯 绘）

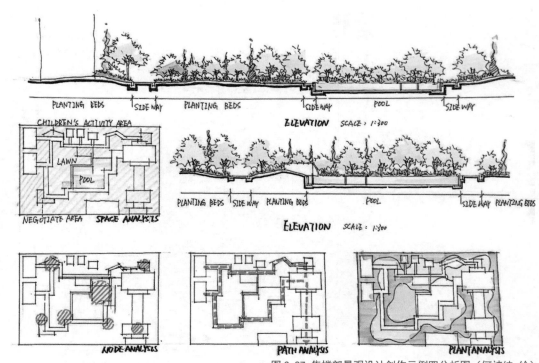

▲图 3-87 售楼部景观设计创作示例四分析图（何祎纯 绘）

PROSPECTS TREE

TREE
SALES DEPARTMENT
STRUCTURES
LANDSCAPE WALL
PLANTING BEDS
LAWN

PAVEMENT

SKY

FEATURE TREES

LANDSCAPE WALL

WATER

LAMN

▲图 3-88 售楼部景观设计创作示例四效果图（何祎纯 绘）

⑤创作示例五

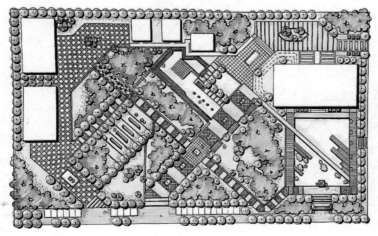

城市干道

图 3-89 售楼部景观设计创作示例五平面图（李佳男 绘）

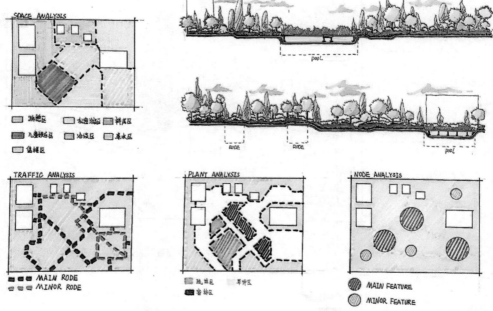

图 3-90 售楼部景观设计创作示例五分析图（李佳男 绘）

▲图 3-91 售楼部景观设计创作示例五效果图（李佳男 绘）

⑥创作示例六

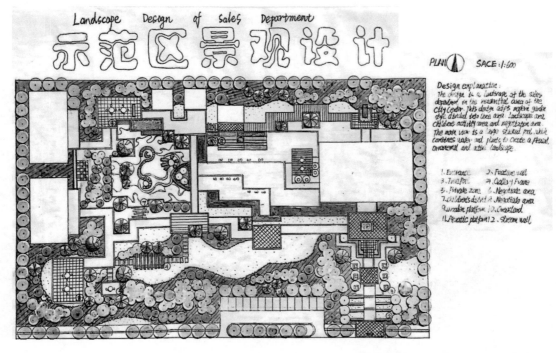

▲图 3-92 售楼部景观设计创作示例六平面图（莫金梅 绘）

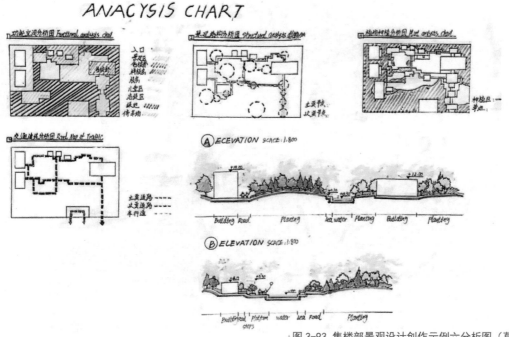

▲图 3-93 售楼部景观设计创作示例六分析图（莫金梅 绘）

PERSPECTIVE

Pool　　Tree Pool　　Architecture　　Platfrom　　Flower bed

PERSPECTIVE 1

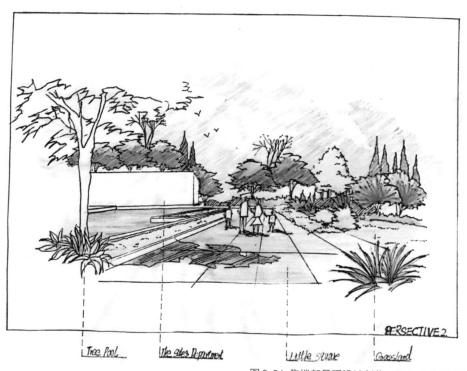

Tree Pool　　The sales Deportment　　Little square　　Grassland

PERSPECTIVE 2

▲图 3-94 售楼部景观设计创作示例六效果图（莫金梅 绘）

⑦创作示例七

售楼部景观规划设计
Landscape Planning and Design of Sales Department

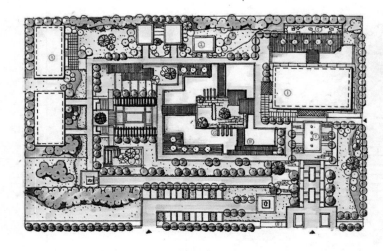

▲图 3-95 售楼部景观设计创作示例七平面图（黄大得 绘）

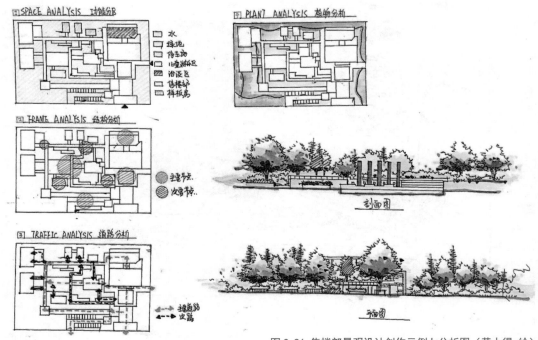

▲图 3-96 售楼部景观设计创作示例七分析图（黄大得 绘）

▲图 3-97 售楼部景观设计创作示例七效果图（黄大得 绘）

3.4.5 方案组织训练设计五：校园景观规划设计

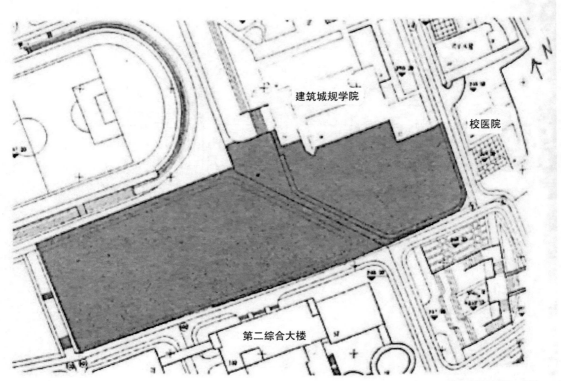

建筑城规学院

校医院

第二综合大楼

▲图 3-98 校园基地概况图

（1）项目概况

基地北面为建筑城规学院和操场，南面为入口广场和第二教学楼，东面为校医院。场地长 850m，宽 120m。

（2）设计要求

①功能合理，满足校园使用要求。

②运用现代化景观手法，但应保留原有场所精神。

③要与周边环境对接与呼应。

（3）图纸要求

①平面图一张，比例为 1:500。

②剖面图两张，比例为 1:300。

③分析图四张，包括功能分区图、结构分析图、交通流线图、植物分析图。

④设计说明不少于 200 字。

（4）训练创作示例

①创作示例一

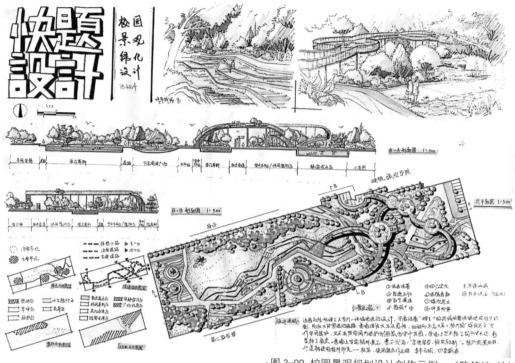

▲图 3-99 校园景观规划设计创作示例一（陈铭沛 绘）

②创作示例二

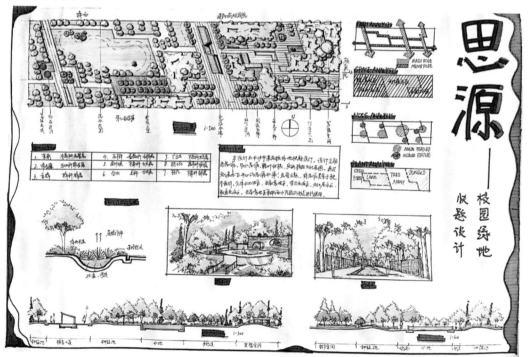

▲图 3-100 校园景观规划设计创作示例二（何祎纯 绘）

③创作示例三

▲图 3-101 校园景观规划设计创作示例三（林晓艺 绘）

④创作示例四

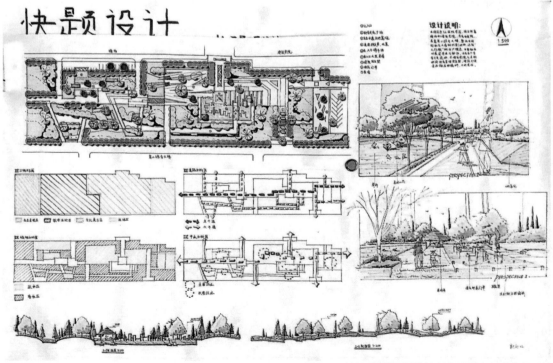

▲图 3-102 校园景观规划设计创作示例四（唐艺超 绘）

⑤创作示例五

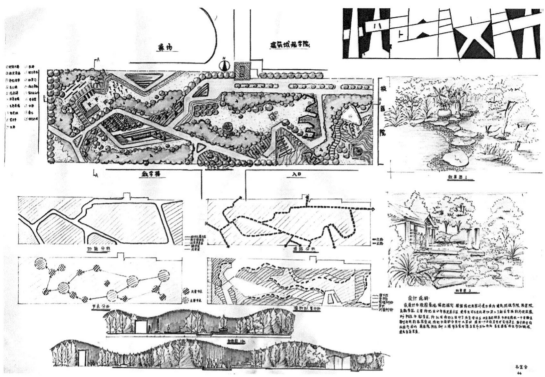

▲图 3-103 校园景观规划设计创作示例五（韦宜含 绘）

⑥创作示例六

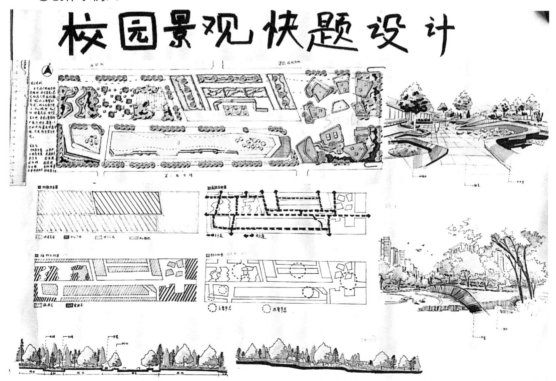

▲图 3-104 校园景观规划设计创作示例六（朱怡珍 绘）

3.4.6 方案组织训练设计六：医院景观规划设计

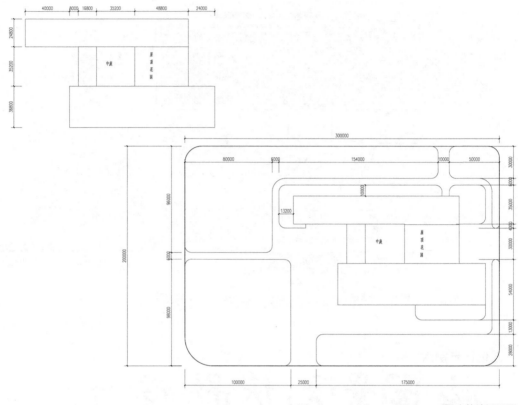

（1）项目概况

基地长 300m，宽 200m，主入口在南面，主体建筑南面有急诊入口；北面为住院部入口，隔着马路有一条河流；西面进入即为主楼中庭，是需要设计的空间；在四楼公共平台处有一屋顶花园也需设计，该场地长 850m，宽 120m。

（2）设计要求

①功能合理，满足医院使用要求。

②运用现代化景观手法，但应保留原有场所精神。

③要与周边环境对接与呼应。

（3）图纸要求

①平面图一张，比例为 1:800。

②剖面图两张，比例为 1:300。

③分析图四张，包括功能分区图、结构分析图、交通流线图、植物分析图。

④设计说明不少于 200 字。

（4）训练创作示例

① 创作示例一

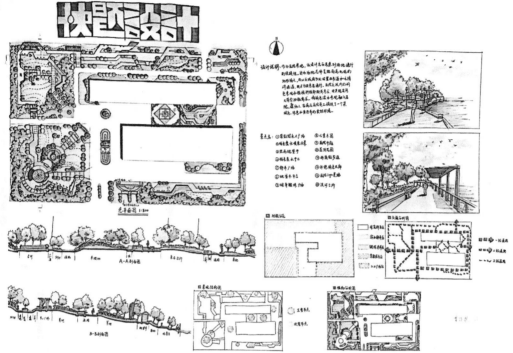

▲图 3-106 医院景观规划设计创作示例一（曹佳慧 绘）

② 创作示例二

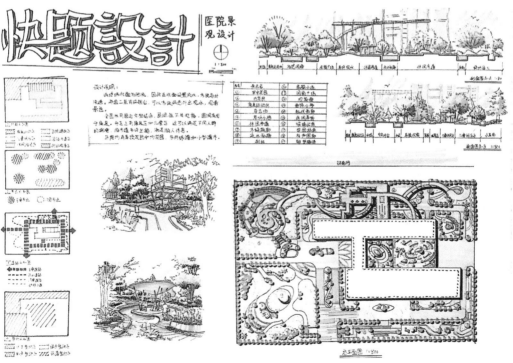

▲图 3-107 医院景观规划设计创作示例二（陈铭沛 绘）

③创作示例三

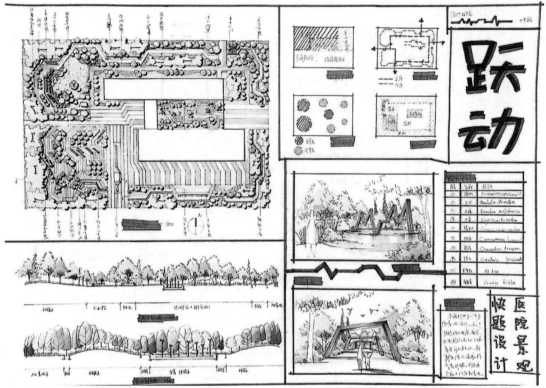

▲图 3-108 医院景观规划设计创作示例三（何祎纯 绘）

④创作示例四

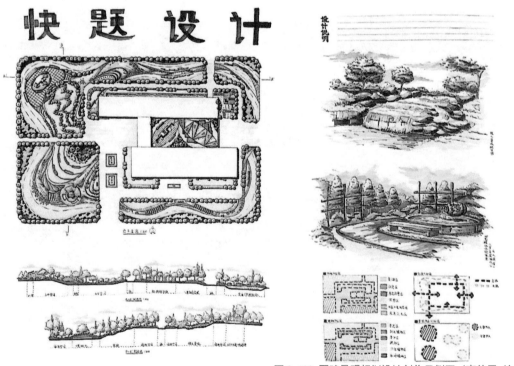

▲图 3-109 医院景观规划设计创作示例四（李佳男 绘）

⑤创作示例五

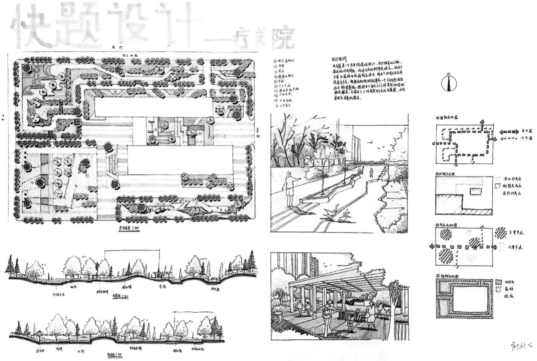

▲图 3-110 医院景观规划设计创作示例五（唐艺超 绘）

⑥创作示例六

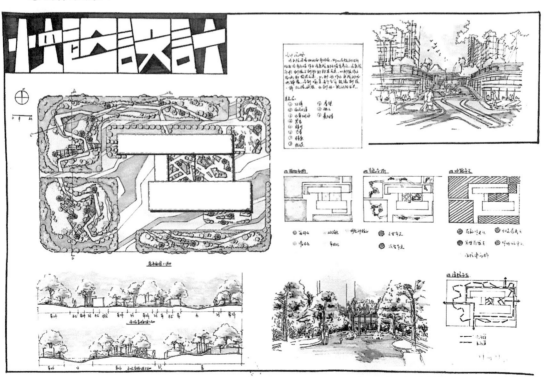

▲图 3-111 医院景观规划设计创作示例六（叶琼丹 绘）

3.5 模块训练五——板绘项目景观方案临摹训练

板绘就是手绘在电脑上的体现，不仅能有效提高设计工作的效率，还能减少绘图笔和纸的消耗，是目前景观方案绘图的理想方式。下面介绍临摹南京银城·蓝溪郡居住小区景观规划设计的板绘方案全过程图。

居住小区是以住宅楼房为主体，并配有商业网点、文化教育、娱乐、绿化、公用和公共设施等形成的具有一定规模的居民生活区，是没有城市交通干道穿越的完整地段。目前，居住小区越来越多地承担起服务社区居民的作用。随着城市化进程的加快，城市环境不断恶化，人们对居住社区的需求、品味，以及对居住区环境规划设计的要求不断提高。一个好的居住社区从建设之初到完美呈现，需要设计师对每个步骤和细节都进行关注和重视。接下来我们用板绘的形式将南京银城·蓝溪郡居住小区景观的设计过程展现给读者。

3.5.1 前期解读

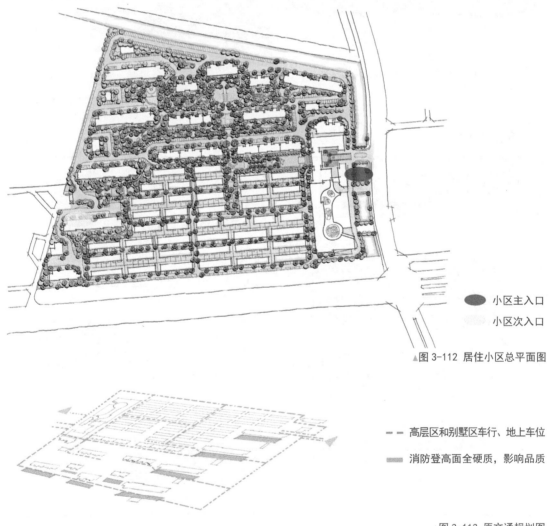

⬤ 小区主入口
▭ 小区次入口

▲图 3-112 居住小区总平面图

- - 高层区和别墅区车行、地上车位
▬ 消防登高面全硬质，影响品质

▲图 3-113 原交通规划图

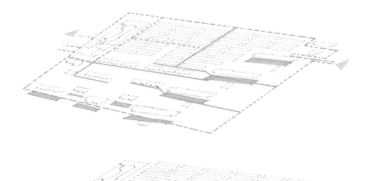

改为人行道，规划车位，集
中布置

全硬质消防登高面改为户外
客厅

▲图 3-114 解决方案

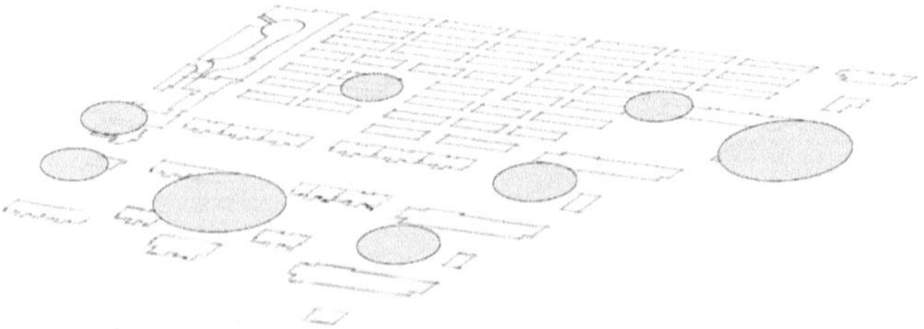

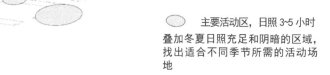

主要活动区，日照 3~5 小时
叠加冬夏日照充足和阴暗的区域，
找出适合不同季节所需的活动场
地

▲图 3-115 活动场地分析图

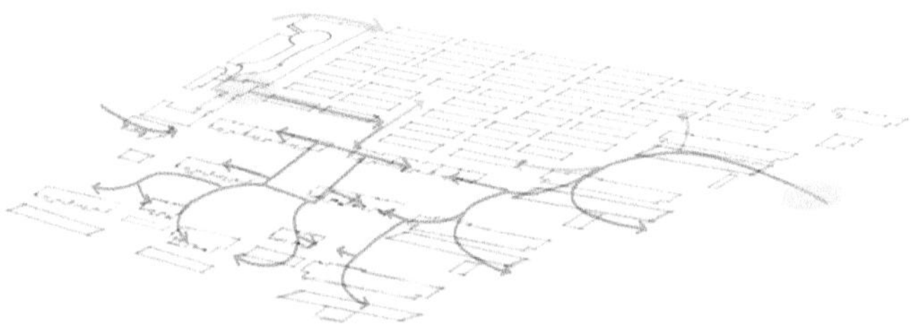

——→ 高层归家路线
——→ 别墅归家路线
别墅入口

以便捷、方便为前提，分析人行归
家动线，得出进入小区后最快速度
归家的流线轨迹

▲图 3-116 归家路线图

礼仪路线
塑胶环形跑道

根据项目定位及要求合理设置景观功能模块：
1. 延续展示区景观设置东西、南北两条礼仪
轴线；
2. 一条环形塑胶跑道；
3. 全龄化活动场所的打造

▲图 3-117 景观功能模块图

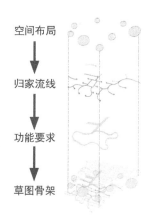

空间布局

↓

归家流线

↓

功能要求

↓

草图骨架

▲图 3-118 功能叠加分析图

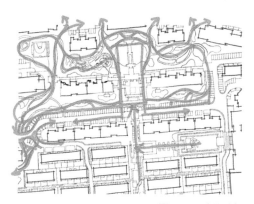

▲图 3-119 路线分析图

3.5.2 各区域效果图

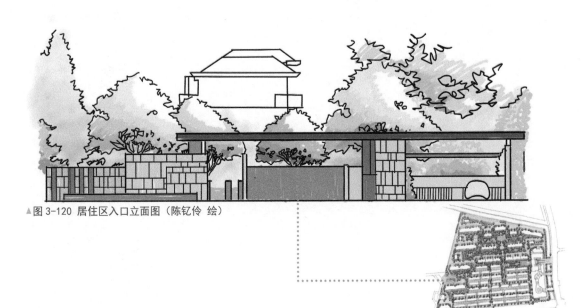

▲图 3-120 居住区入口立面图（陈钇伶 绘）

▲图 3-121 设备房立面图（陈钇伶 绘）

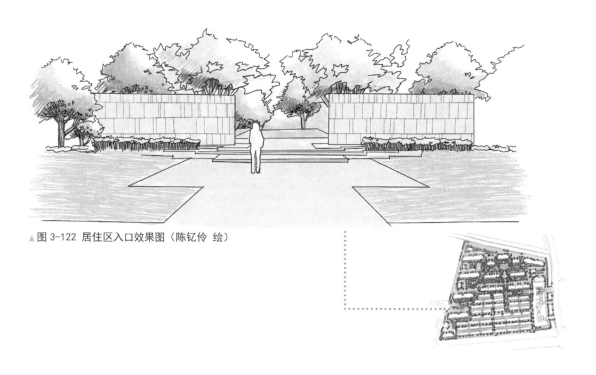

▲ 图 3-122 居住区入口效果图（陈钇伶 绘）

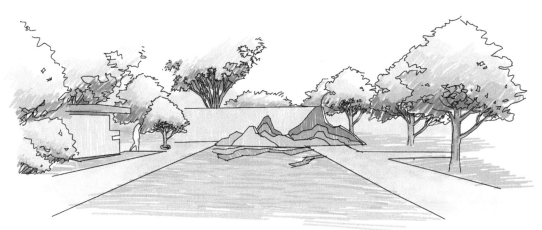

▲ 图 3-123 轴线空间效果图（陈钇伶 绘）

▲ 图 3-124 活动空间效果图（陈钇伶 绘）

▲ 图 3-125 轴线空间景观效果图（陈钇伶 绘）

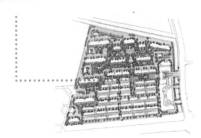

▲图3-126 居住区入口人车分流效果图（陈钇伶 绘）

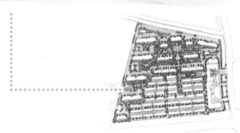

3.4.3 板绘过程图

▲图3-127 人行主入口空间板绘过程图（贺惠婷 绘）

▲图 3-128 人行次入口空间板绘过程图（贺惠婷 绘）

▲图 3-129 车行入口空间板绘过程图（贺惠婷 绘）

▲图 3-130 园区私密空间板绘过程图（贺惠婷 绘）

▲图 3-131 园区自然驳岸空间板绘过程图（贺惠婷 绘）

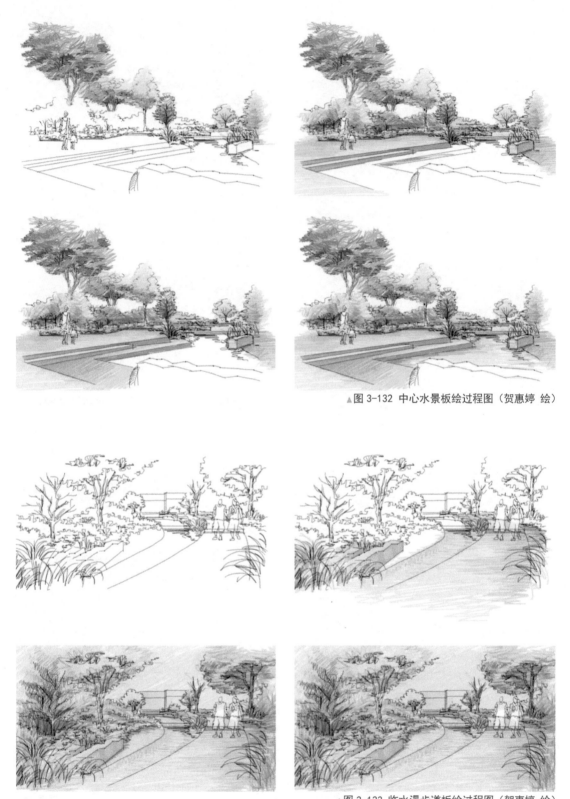

▲图 3-132 中心水景板绘过程图（贺惠婷 绘）

▲图 3-133 临水漫步道板绘过程图（贺惠婷 绘）

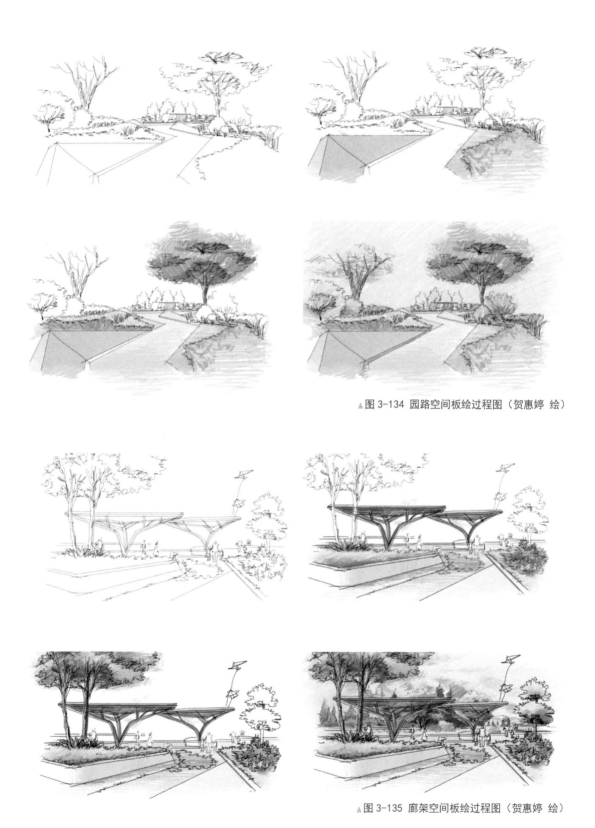

▲图 3-134 园路空间板绘过程图（贺惠婷 绘）

▲图 3-135 廊架空间板绘过程图（贺惠婷 绘）

ACTUAL PROJECT CASES
实际项目案例展示

04

4.1 广西雅长保护区兰花科普园景观规划设计

打开微信扫一扫,下载本案例图片

4.1.1 项目概况

广西雅长兰科植物国家级自然保护区位于广西壮族自治区百色市乐业县境内,距离乐业县城32km,地处东经106°11′31″~106°27′04″,北纬24°44′16″~24°53′58″之间,总面积22062hm²。保护区地处云贵高原东南边缘,是云贵高原向广西丘陵过渡的山原地带,也是热带向亚热带过渡的地区,属重要的生态系统交错地带。2005年4月经广西壮族自治区政府批准成立,2009年9月经国务院批准成为国家级自然保护区,有兰科植物44属115种,是中国第一个以兰科植物为保护对象的国家级自然保护区。本项目规划设计范围面积为116668m²,规划地块以石山为主,凹地、陡坡和水域等自然地形为辅。

4.1.2 设计理念

(1)主题

一朝步入兰花自然画卷,一日梦回千年,体验兰花生态文化,打造中国的兰花科普园。

(2)理念

项目设计以新中式风格结合仿生设计为原点,保留原有的自然之景,运用创新的手法和技术手段,有效地调节水系生态环境及营造仿生动植物生态景观,创造城市、人和自然和谐共存的自然环境和极具东方神韵的景观气质。设计手法运用柔美的曲线形式,结合"科

▲图4-1 全园鸟瞰图

普文化、大众休闲、娱乐运动"等功能，以及兰花的形、色、韵等景观元素，通过兰花文化、砖雕、匾额、对联、彩画等形式，将表现空间提升为更深层次的精神世界，充分体现兰园的格调和文化内涵，创造出一系列具有生命感的绿色空间，营造一个舒适、自然、典雅、富有活力的兰花科普园。

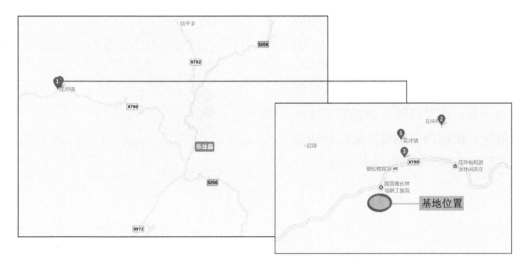

基地在乐业的位置

▲图 4-2 区位图一

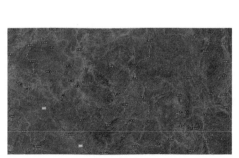

项目在乐业县的区位

▲图 4-3 区位图二

保护区地处云贵高原东南缘，是云贵高原向广西丘陵地过渡的山原地带，主要为中山和低山地貌，山脉走向大致呈北西—南东，保护区以谷地为中线，南北部较高，中间较低，区域沟谷纵横，叠峰连绵。保护区降水偏少，年均降水量为 1051.7mm，比广西全区年均降雨量（1510.1mm）少约 1/3，春秋季节干旱，尤其春旱最为严重。因焚风效应的影响，降水量较少。园区内有水窖 3 处，分别位于入口山顶和规划场地西南方向。

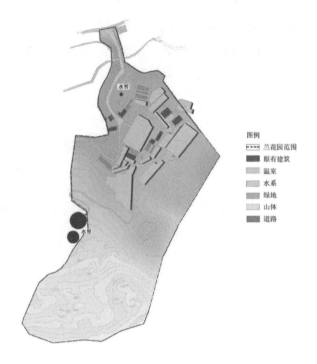

▲图 4-4 现状图

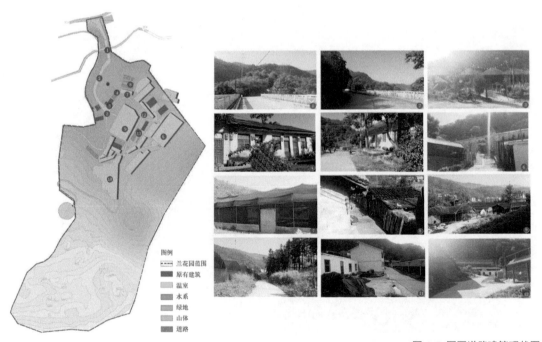

▲图 4-5 园区道路建筑现状图

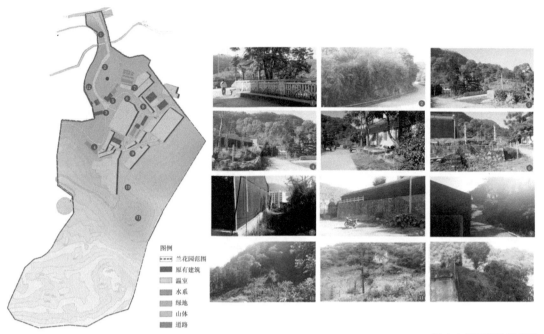

图例
兰花园范围
原有建筑
温室
水系
绿地
山体
道路

▲图 4-6 园区绿地现状图

图例
兰花园范围
原有建筑
温室
水系
绿地
山体
道路

▲图 4-7 园区周边环境现状图

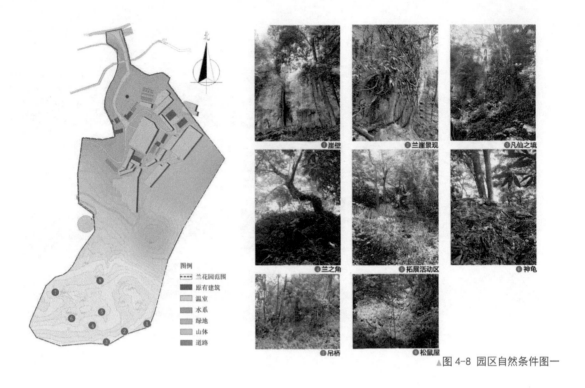

▲ 图 4-8 园区自然条件图一

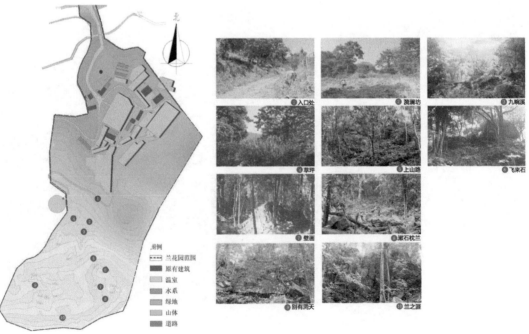

▲ 图 4-9 园区自然条件图二

经济技术指标		
名称	面积m²	比例%
总用地面积	116668	
建筑面积	11347	9.7
水体面积	1804	0.15
铺装面积	5074	4.34
道路面积	5186	4.44
停车场面积	312	0.26
绿地面积	92945	79.67

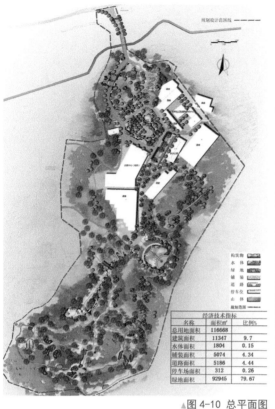

▲图 4-10 总平面图

▲图 4-11 功能分区图

◄图 4-12 景点名图

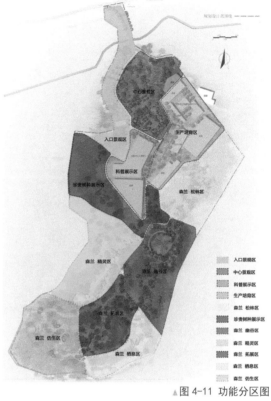

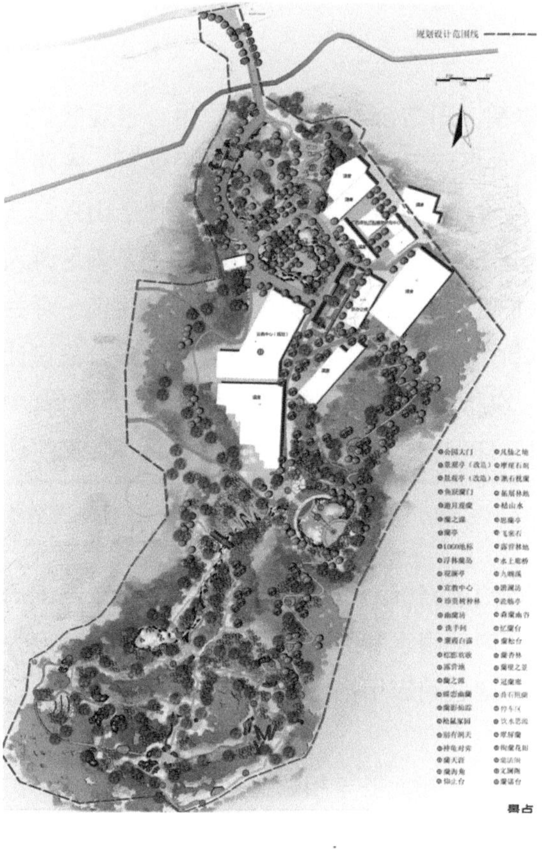

4.1.3 规划设计

（1）功能分区规划设计

保护区兰花科普园分为 11 个特色景区，分别为：入口景观区、中心景观区、科普展示区、生产培育区、珍贵树种展示区、森兰松林区、森兰幽谷区、森兰精灵区、森兰仿生区、森兰拓展区、森兰栖息区。

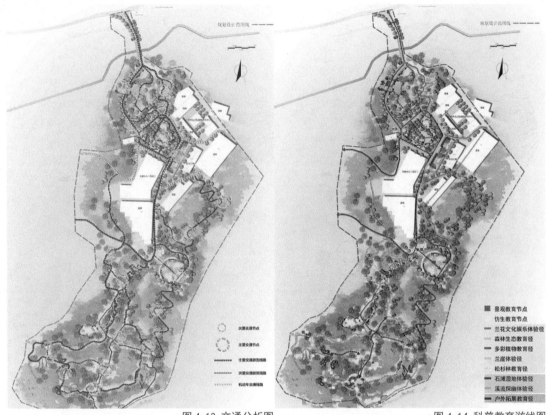

▲图 4-13 交通分析图　　　　　　　　▲图 4-14 科普教育游线图

（2）道路规划设计

整个项目的道路体系可划分为园区内部体系，即结合入口景观区、中心景观区、生产培育区和科普展示区、森兰幽谷区、珍贵树种展示区 6 个区打造的交通体系。主路为4~6m 的柏油路，其中含一条 1.2m 的红色人行道。主路通达兰花科普园山体上山入口及园区各主要建筑，以满足生产及服务需要。园区二级道路宽为 1.5~1.8m，主要满足游人上下山游玩需要。科普园南部为独立的兰花保护区，包含森兰精灵区、森兰仿生区、森兰拓展区和森兰栖息区。此处道路类型为 1.5~1.8m 宽的主路，主路根据自然地形分段设计成木栈道形式和自然石头铺砌而成的上山路，次路为宽 1.2m 的石头路，支路为宽 0.6m 的汀步路。道路系统材料尽可能采用当地石材及环保型木塑复合材料，既经济环保又能体现地域特色。

（3）竖向规划设计

各个分区的场地标高根据原有自然标高和周边道路标高确定。一般场地标高以高出周边道路最低点 20~30cm 以上为宜，以利于地块内部雨水和污水的排放。对于地形坡度大于 8% 的场地，适当改造地形，采用台地式，台地之间应用挡土墙或护坡连接，同时保证各个台地的坡度控制在 3% 以下。

规划区内集散广场竖向规划除满足自身功能要求外，需与相邻道路和建筑相衔接。广

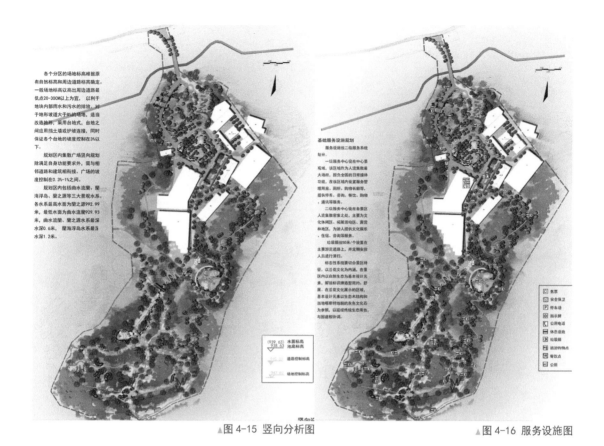

▲图 4-15 竖向分析图　　　　　▲图 4-16 服务设施图

场的坡度控制在 0.3%~1% 之间。

规划区内包括"曲水流蘭""蘭海浮岛""蘭之源"等三大景观水系。各水系最高水面为"蘭之源"，最低水面为"曲水流蘭"，"曲水流蘭""蘭之源"水系的最深水深为 0.6m，"蘭海浮岛"水系最深水深为 1.5m。

（4）基础服务设施规划设计

服务设施按两级服务系统划分：

①一级服务中心：设在中心景观区域，该区域作为最大的人流集散场所，担负全园的日常接待功能，在该区域内设置服务管理用房、厕所、购物长廊等，提供停车、咨询、餐饮、购物、通讯等服务。

②二级服务中心：设在各景区人流集散密集之处，主要为文化休闲区、拓展活动区、露营林地区，为游人提供文化娱乐、住宿、咨询等服务。

垃圾箱按 50m/ 个设置在主要游览道路上，并定期安排人员进行清扫。标志性系统要贴合景区特征，以兰花文化为内涵，在景区内以自然生态为基本设计元素，解说标志牌造型简约、舒展。在兰花文化展示的区域，基本设计元素以生态木结构设计各类科普小品、文化娱乐及拓展设施，并根据山体景观植入兰文化，如将兰花典故、诗词、中国画釉刻于岩石峭壁和自然景石上，以中国传统文化和兰花科普相结合，打造独具特色的兰花科普园景观。

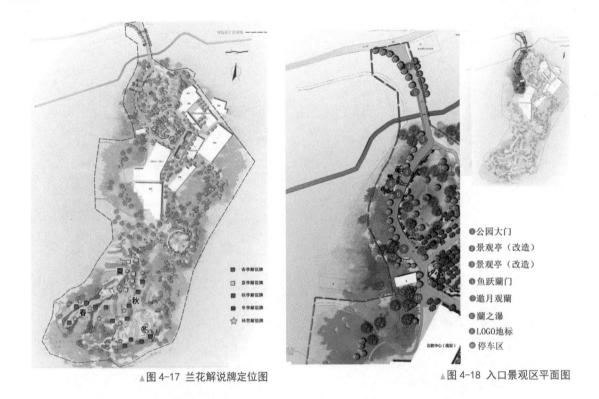

春季解说牌
夏季解说牌
秋季解说牌
冬季解说牌
科普解说牌

❶公园大门
❷景观亭（改造）
❸景观亭（改造）
❹鱼跃蘭门
❺邀月观蘭
❻蘭之瀑
❼LOGO地标
❽停车区

▲图4-17 兰花解说牌定位图　　　　　　　　　　▲图4-18 入口景观区平面图

4.1.4 景观规划

（1）入口景观区

从大门到"鱼跃蘭门"，再到园区内的跌水，形成入口景观轴线。大门采用仿生设计，用大树结合景石，景石上釉刻兰花及诗词，起到点题之效，仿生树根设计成保安亭实现功能和景观的完美结合。入口轴线上桥梁两端两处入口亭子结合木结构和青瓦做改造，桥梁仿木形态和纹理做扶手造型，入口山顶制高点处设置"蘭亭"作为入口景观的借景，远处有一脉相承的峭壁做背景，整个入口景深层次丰富，空间错落有致。利用入口山体高差和坡地平台设计了"蘭之瀑"景观和"邀月观蘭"景观台，给人观赏停留的空间，瀑布和平台形成对景。同时两侧仿生拱廊形成虚空间，拱廊上种满兰花，瀑布中小品鲤鱼飞溅而起，呼应"鱼跃蘭门"的主题。绕过入口山体进入园区中心，设计一跌水景观与道路相迎，跌水上放置景石与兰花配置形成"饮水思蘭"一景，该景既是入口轴线的终点，同时也是中心景观区的起点。

（2）中心景观区

中心景观区把入口山体、兰字景观和宣教馆前的中心绿地三块区域作为整体进行设计，宣教馆前广场用自然的跌水引人进入中心绿地景观区，水系沿着道路经过小桥穿梭进入绿地广场，形成一个较大的自然水面，周边有假山、"观澜亭"、"叠石抱蘭"、彩叶树树阵相衬托，形成"浮林蘭岛"景观，整个空间缩放有致，让人心旷神怡。沿着中心绿地北出口对应着一个中式景墙，在此形成障景"蘭壁之景"，绕过该景墙顿时豁然开朗，"蘭字景观"顿时显于足下。此景采用中国书法草书的"蘭"字字形作为兰花种植池的边界，走势一气呵成，与中心绿地的自然水景的形式相辅相成。左边小路沿山而上到制高点设计——"蘭亭"，可俯视"蘭字景观"和中心绿地景观。

▲图 4-19 入口景观区公园大门效果图

❼蘭亭
❾浮林蘭岛
❿观澜亭
⓭蘭壁之景
⓯蘭字景观
⓰停车区
⓱饮水思蘭

▲图 4-20 中心景观区平面图

▲图 4-21 中心景观区鸟瞰图

▲图 4-22 中心景观区效果图

（3）科普展示区

科普展示区宣教中心从兰花的微观结构到兰花植物群居和生态系统的宏观景观，全方位、多角度展示兰花植物的魅力。展览运用声、光、电和多媒体等技术，以及先进的科学仪器，将兰花植物学知识巧妙融合在景观、动画、科学实验和游戏中。实现科学性、观赏性和趣味性的统一，为观众展示了一个欣赏兰花、认识兰花的精彩世界。

⓫宣教中心

◀图 4-23 科普展示区平面图

宣教中心

▲图 4-24 宣教中心示意图

(4) 生产培育区

生产培育区专门研发生产多种兰科植物种苗，该区结合"冠蘭廊"和"翠屏蘭"两块绿地，提供休息娱乐平台。"冠蘭廊"由回字形花架和亭廊围合出开敞的活动空间，在此可开展兰花户外展示以及品茶、书画展等活动。该区同时是新办公楼的必经之地，平时可供办公人员休息娱乐之用。"翠屏蘭"景点主要选用攀岩性强的兰花用于垂直绿化造景，万绿丛中点缀深咖啡色的木质文字，实现生态景观多元化。

⑭ 冠蘭廊
⑮ 停车区
⑯ 翠屏蘭
㉛ 文澜阁

◀图 4-25 生产培育区平面图

▲图 4-26 生产培育区效果图

（5）森兰松林区

该区保留了原有的松树和杉木林，沿着崖壁行走可欣赏岩石峭壁的野生兰花群落景观，同时可以俯视科普园办公区，遥望街市与山峦。兰花自然生长在崖壁上、树干上、枯木和石缝处，散发着怡人的清香，让人流连忘返。

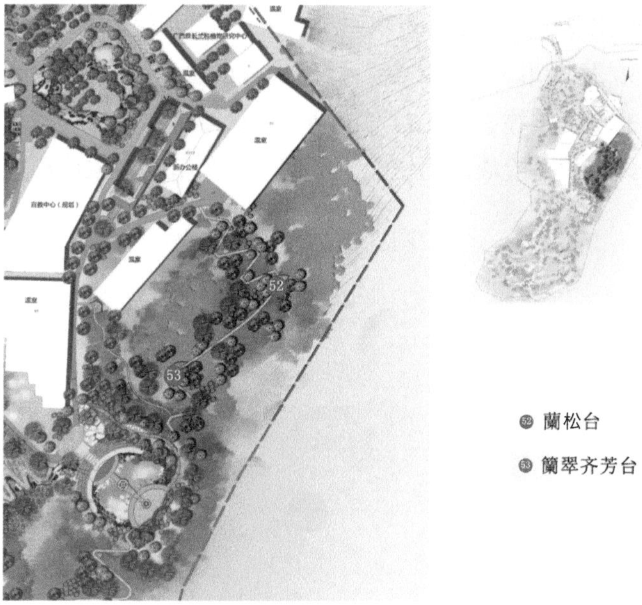

图 4-27 森兰松林区平面图

（6）珍贵树种展示区

珍贵树种展示区位于兰园山下的两块坡地上，也是游人去兰花园的必经景区。上山入口左边以银杏与原有杉木混交形式种植，银杏树干上栽植兰花，林下空间保留草坡，固有“蘭杏林”之称。该地有一平台，因视线开阔，松林和山体环抱，兰花附生于松树主干上，微风徐徐，故命名为“蘭松台”。上山入口右边的展示区主要栽植适合当地石山条件的珍贵树种，如泡桐、格木、沉香、蚬木、红豆杉等，在其林下空间种植药用植物，珍贵树种和药用植物挂牌并设计植物二维码，运用网络和实物展示共同实现科普目的。

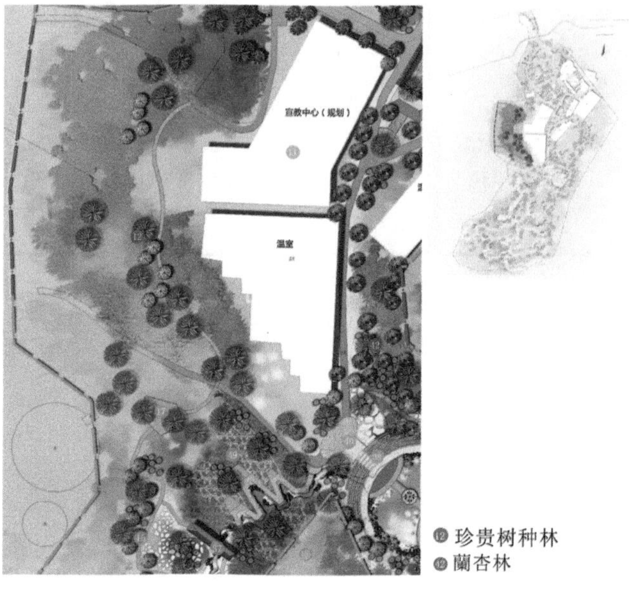

图 4-28 珍贵树种展示区平面图

（7）森兰幽谷区

该区利用原有天然形成的凹地打造成舞台滨水湿地景观，把山上的天然沟渠打造成"九婉溪"流入该区，"忆蘭台"与崖壁景观相对，形成生态阶梯观众席—滨水看台—T型舞台—扇形舞台—兰花釉刻舞台景墙相串联的景观轴线，人工打造的湖水中设置音乐喷泉，水边有景石和水生植物，形成自然驳岸，舞台后是险峻的崖壁以及葱郁的彩叶植物，整体形成"森蘭幽谷"的特色滨水舞台景观。

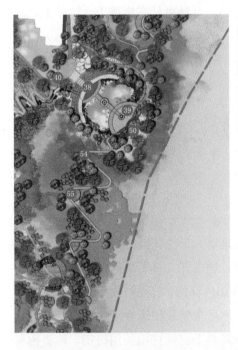

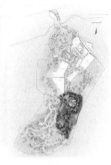

㊴生态观众席
㊵水上观演舞台
㊶忆蘭台
㊷兰文化舞台背景墙
㊸幽谷香阶
㊹芝蘭芳谷台

◄图 4-29 森兰幽谷区平面图

▲图 4-30 森兰幽谷区"森蘭幽谷"效果图

（8）森兰精灵区

　　该区运用兰花的不同栽植方式打造兰花精灵在各种环境条件下的美景。"之"字形道路和"九畹溪"是整个区的景观主轴线，入口梯田状坡地的"绚蘭花田"芳香迷人，"漪澜坊"设置在台地上方，在此可鸟瞰全园并可平视森兰幽谷的峭壁景观。旁边留出一块开敞草坪，上面种植狼尾草，设计仿生黑山羊在吃草的情景，风吹过，山石和羊群若隐若现，故此景得名"蒹葭白露"。经过小桥沿着溪流进入山谷兰花种植区，两旁崖壁和山石上种植有形态各异的兰花，还有仿生鸵鸟探出脑袋向外喷水，给峡谷增添了无穷的生命力。沿着生态木栈道前行可看叠瀑、"水上廊桥"和"蘭之源"湿地景观，周边种植棕榈科植物

⑮ 蒹葭白露
⑯ 棕影欢歌
⑰ 露营地
⑱ 蘭之源
⑲ 水上廊桥
⑳ 九畹溪
㉑ 漪澜坊
㉒ 绚蘭花田

◀ 图 4-31　森兰精灵区平面图

▲ 图 4-32　森兰精灵区"水上廊桥"效果图

与湿地中的仿生丹顶鹤形成"棕影欢歌"之景。沿着"水上廊桥"山脊之路行走可俯视整个"九畹溪"，往山脊北回到"蒹葭白露"，再穿过古树可到达离园区主路最近的一个露营地，在此古木丛生，坐在树屋里休息，花坪镇全貌尽收眼底。

▲图4-33 森兰精灵区"绚蘭花田"效果图

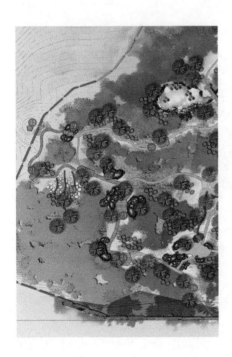

⑲蝶恋幽蘭　⑮瞭望台
⑳蘭影仙踪　⑳兰花台地
㉑松鼠家园
㉒别有洞天
㉓神龟对弈
㉔蘭天涯
㉕仰止台

（9）森兰仿生区

该区景观主要模仿兰花保护区里的森林动物，如黑山羊、松鼠、鸟类、昆虫、蛇等，把这些动物用栩栩如生的雕塑刻画出来，并与森兰场地结合营造"蘭影仙踪""蝶恋幽蘭""松鼠家园""别有洞天""神龟对弈"等景点，同时配合动物科普知识介绍，让游人更亲近大自然，同时获得对兰花的更多的认知。

◀图4-34 森兰仿生区平面图

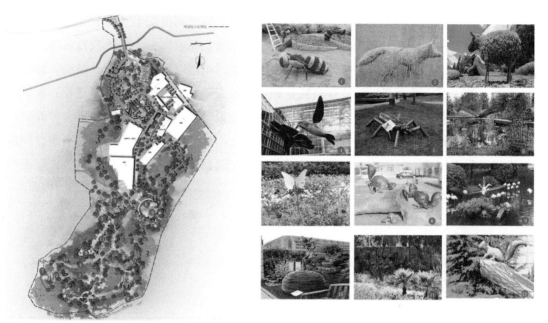

图 4-35 森兰仿生区仿生示意图

图 4-36 森兰仿生区 "别有洞天"
效果图

（10）森兰拓展区

该区设置有专业的青少年攀岩场地、35m 高的挑战塔，同时配套有露营基地和各类型拓展项目。通过户外拓展增强青年体质，落实素质教育。拓展区分为营地教育和攀岩体验两部分。青少年除了学习野外生存知识，还要学会生活技能以及攀岩等运动技能，通过攀岩、爬树、探索等一系列课程，实现自我认识、自我突破和自我提升的成长过程。露营地位于拓展区内西北角"水上廊桥"的斜对面，露营地设计了嵌草铺装的活动平台，同时依山傍水的位置设计了树屋，主要用当地的木材在树上搭建而成，这既能避免飞禽走兽的侵袭，又能不受潮湿气候的困扰，还能听着"九畹溪"潺潺流水的声音，远观植物树冠不同时令的季相景观。

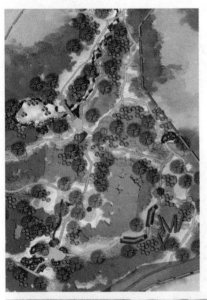

⑬ 洗手间
㉘ 蘭海角
㉚ 拓展林地
㉜ 露营林地

◀ 图 4-37　森兰拓展区平面图

◀ 图 4-38　森兰拓展区
"拓展林地"示意图

▲图 4-39 森兰拓展区露营地效果图

(11) 森兰栖息区

该区另辟蹊径，沿着崖壁开拓一条兰崖景观之道，同时利用崖壁和园内高差营造不同的景观视觉感受。从"仰止台"可领略崖壁的神奇之境，有"凡仙之境""摩崖石刻"景观，还有自然攀岩的兰花和树藤在崖壁上交错纵横的壮观景象。在崖壁上前行，还可依稀俯视到园内的"思蘭亭""幽蘭坊"和"漱石枕蘭"之景。"漱石枕蘭"景点利用园内原有的已经倒下的大树种植兰花，形成多条线性组合而成的兰花阵容。"思蘭亭""幽蘭坊"把游人引导到"飞来石"景点，此处有天然形成的一块巨石，围绕该石游走一圈可领略完

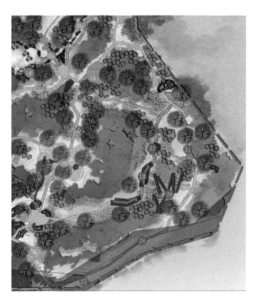

⑱幽蘭坊
⑲凡仙之境
㉑摩崖石刻
㉒漱石枕蘭
㉓枯山水
㉖思蘭亭
㉑飞来石

◀图 4-40 森兰栖息区平面图

整的林相景观，如获新生，故又有"石来运转"之说。"飞来石"下有溶洞和大小石山，景石奇形怪状，引人奇思妙想。此处开设一玻璃平台向外挑出，可俯视险峻山林和"森蘭幽谷"中的一汪碧水。平台旁有几重微地形，上面挺拔生长着参天大树，故在此设计一处枯山水园林，让人静思，悟出兰之禅道。沿着"飞来石"的下山之道可经过露营地，回到"漪澜坊"和"绚蘭花田"之景，即上山之始点。

▲图 4-41 森兰栖息区"漱石枕蘭"效果图

◀图 4-42 蘭——季相分布图

4.1.5 兰花植物专项规划

　　兰花种植规划为春、夏、秋、冬不同区域，观赏方式多样。兰花可附生于树皮、岩石上，或种植于土壤、木屑中。兰花科普园中兰科植物种类丰富，一年四季不同兰花在森林中悠然绽放，以下是兰花科普园四个季节主要种植的兰花品种及其景观效果展示。

▲图 4-43 蘭——专项规划设计春季兰花示意图

▲图 4-44 蘭——专项规划设计春季兰花效果图一

▲图 4-45 蘭——专项规划设计春季兰花效果图二

▲图 4-46 蘭——专项规划设计春季兰花效果图三

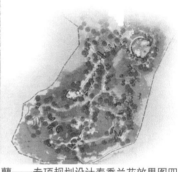

▲图 4-47 蘭——专项规划设计春季兰花效果图四

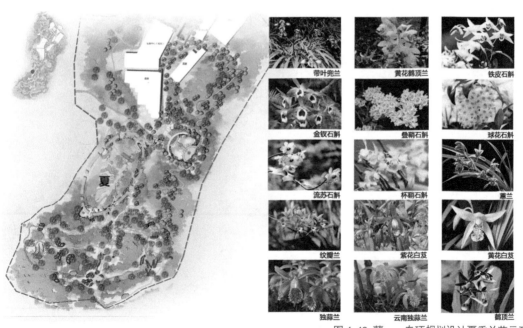

▲图 4-48 蘭——专项规划设计夏季兰花示意图

▲ 图 4-49 蘭——专项规划设计夏季兰花效果图一

▲ 图 4-50 蘭——专项规划设计夏季兰花效果图二

▲图 4-51 蘭——专项规划设计夏季兰花效果图三

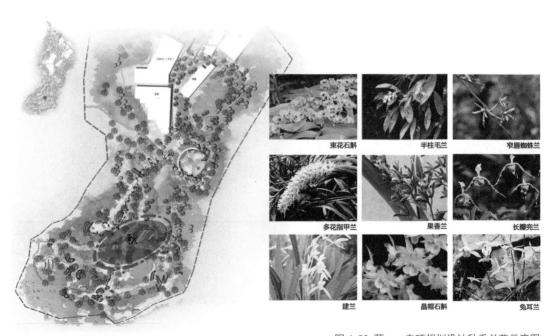

▲图 4-52 蘭——专项规划设计秋季兰花示意图

▲图 4-53 蘭——专项规划设计秋季兰花效果图一

▲图 4-54 蘭——专项规划设计秋季兰花效果图二

▲图 4-55 蘭——专项规划设计秋季兰花效果图三

▲图 4-56 蘭——专项规划设计秋季兰花效果图四

▲图 4-57 蘭——专项规划设计冬季兰花示意图

▲图 4-58 蘭——专项规划设计冬季兰花效果图一

◀图 4-60 蘭——专项规划设计兰花解说牌定位图

▲ 图 4-61　蘭——专项规划设计植物解说示意图一

▲ 图 4-62　蘭——专项规划设计植物解说示意图二

▲ 图 4-63 蘭——专项规划设计科普解说示意图一

▲ 图 4-64 蘭——专项规划设计科普解说示意图二

4.1.6 植物景观规划

在园内营造一个内外一体、林水一体、分布均衡、结构合理、功能完备、效应兼顾的生态系统。通过生态绿地的营造，不同景区采用不同树种，上层以常绿树种与落叶树种混交形成混交林，中层点缀观叶、观花等树种，下层种植集观赏、改良土壤等功能于一体的兰花和其他草本植物，结合水系引入各类湿生植物形成水泽生态群落，从而完善园区生态效应。突出植物造景中的季相变化，结合四季花灌木、宿根植物、水生植物点缀坡地、水岸、湖面，合理布置植被。

以下为主要应用的植物种类：

（1）乔木：香樟、紫薇、白玉兰、栾树、桂花、红花羊蹄甲、洋紫荆、樱花、阴香、尖叶杜英、红枫、麻栎、碧桃、柬埔寨糖棕。

（2）灌木：三角梅、毛杜鹃、含笑、光叶海桐、尖叶木犀榄、苏铁、红花檵木。

（3）地被：以春、夏、秋、冬四个季节的兰花为主，搭配沿阶草、肾蕨、狼尾草、蜘蛛兰等。

（4）水生植物：唐菖蒲、旱伞草、美人蕉、花叶芦竹、马鞭草、千屈菜、再力花、紫芋等。

（5）珍贵树种：泡桐、格木、沉香、蚬木、红豆杉等。

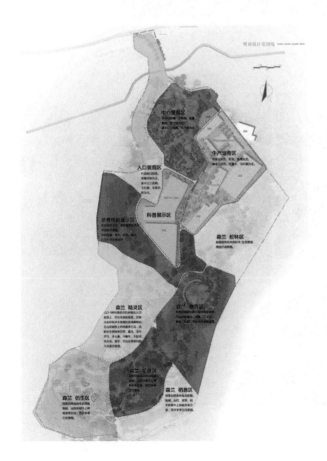

◄图 4-65 绿化设计图

白玉兰　　碧桃　　桂花　　红枫　　羊蹄甲

红玉兰　　尖叶杜英　　柬埔寨糖棕　　栾树

麻栎　　香樟　　朴香　　樱花　　大花紫薇

▲图 4-66 乔木选择意向图

一类材

红松、柏木、红豆杉、香樟、楠木、擦木、格木、硬黄檀、香红木、花榈木黄杨、红青刚、山核桃、核桃木、榉木、山楝、香椿、水曲柳、梓木、铁力木玫瑰木。

二类材

黄杉、杉木、福建柏、榧木、鹅掌楸、梨木、槠木、水青冈、麻栎、高山栎桑木、枣木、黄波罗、白蜡木。

三类材

落叶松、云杉、松木、铁杉、铁刀木、紫荆、软黄檀、槐树、桦木、栗木、木荷、槭木。

四类材

枫香、桤木、朴树、檀、银桦、红桉、白桉、泡桐。

五类材

拟枫杨、轻木、黄桐、冬青、乌桕。

山核桃　　福建柏　　落叶松

银桦　　麻栎　　朴树

桦木　　云杉　　水青冈　　红豆杉　　香樟

▲图 4-67 珍贵树种选择意向图

153

狼尾草　　毛杜鹃　　三角梅
光叶海桐　　含笑　　红檵木　　尖叶木樨榄
肾蕨　　苏铁　　沿阶草　　蜘蛛兰

▲图 4-68　灌木地被选择意向图

旱伞草　　花叶芦竹　　马鞭草　　美人蕉
千屈菜　　唐菖蒲　　再力花　　紫芋

▲图 4-69　水生植物选择意向图

4.2 广西雅长保护区兰花科普展示园景观规划设计

4.2.1 项目概况

广西雅长兰科植物国家级自然保护区是云贵高原向广西丘陵地区过渡的山原地带，区域沟谷纵横，叠峰连绵，平均海拔 1000m。场地位于广西南宁百色乐业县花坪镇广西雅长兰科植物国家级自然保护区内，设计地块呈三角形，总面积为 5607.87m²，三面环山，地形高差较大，从北向南由低向高延伸，原场地建有多组遮阴大棚。

4.2.2 设计理念

本案立意在悠然葱郁的自然森林中，营造出"望兰海茫茫，闻山涛阵阵"的景观体验。项目定位为科普、教育、展示。即以科普为核心，利用兰花资源为基调，同时展示地域特有植物和动物的景观。将兰文化寓情于景，动物展示情境化，让游人在观赏游览中获得生动而有趣的科普知识，实现兰花体验升级和生态保护宣传。

本案设计灵感来源于草书"兰"字的抽象概括，采用兰字的笔画以折线作为轴线组织各类不同高差的自然跌水与草坡空间，以人为本，营造优质科普展示游览路线与情境。以理性折线的道路穿梭于动植物生境和台地间。而"文化景石""潺潺流水""根系丛林""梅兰竹菊""生灵悦动"等科普景观有秩序地融合于展园各功能区，最终营造一个寓教于乐、自然而优美的兰花科普展示园。

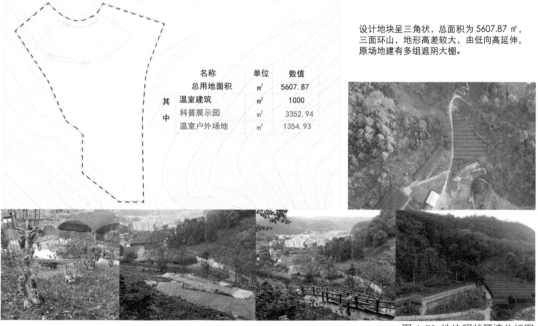

▲图 4-70 地块现状环境分析图

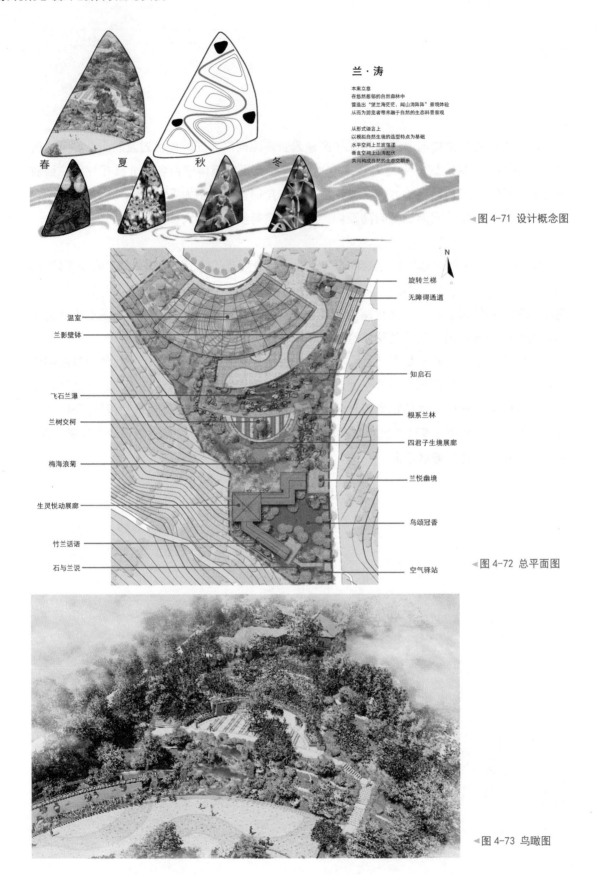

兰·涛

本案立意
在悠然葱郁的自然森林中
营造出"望兰海茫茫，闻山涛阵阵"景观体验
从而为游览者带来融于自然的生态科普景观

从形式语言上
以模拟自然生境的造型特点为基础
水平空间上兰波荡漾
垂直空间上山涛起伏
共同构成自然的生态交响乐

春 夏 秋 冬

◄图 4-71 设计概念图

温室
兰影壁钵

飞石兰瀑
兰树交柯

梅海浪菊

生灵悦动展廊

竹兰话语
石与兰说

旋转兰梯
无障碍通道

知启石

根系兰林

四君子生境展廊

兰悦幽境

鸟颂冠香

空气驿站

◄图 4-72 总平面图

◄图 4-73 鸟瞰图

4.2.3 规划设计

（1）功能分区规划设计

根据展园定位开展总体布局设计，合理规划功能分区，考虑到展园科普展示景观，温室建筑和自然地形的衔接，运用两轴、五区、四核心的设计原则，串联各景观节点，营造多元化的科普展示园景观。

（2）交通流线规划设计

展园由东面一个主入口和东北角、东南角、温室西北角三个次入口组成，以提高外部区域的可达性。其中，主入口位于展区东面中间位置，方便作业的同时也是一个展示的景观窗口。东北角入口以无障碍通道接入文化前庭区，东南角入口与保护区山体入口斜对应，方便游客直接上山继续游览，西北角入口满足温室作业需求。

（3）景观视线规划设计

展园主要活动场地"兰树交柯平台"结合水景、叠石、草坡密植设计打造围合空间，增加了场地轴线性，很好地隔绝了场地不同区域间的相互干扰，动静相宜，相得益彰。中心景观视线开敞，成为整个地块的视觉中心，为温室和中心叠水两个展示空间创造了良好的视线条件。场地西面由不同品种竹子分段行列种植，在视线上起到阻隔作用。展廊的开敞设计使科普展示园的中心景观尽收眼底。

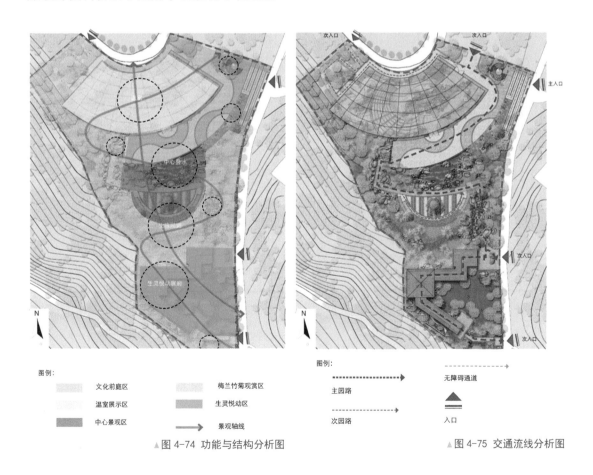

▲ 图 4-74 功能与结构分析图　　　▲ 图 4-75 交通流线分析图

（4）植物分区规划设计

尊重适地适树原则，力求打造特色动植物科普景观空间，依据各景观功能区的定位，充分考虑展园外围环境，科学地进行相应的植物配置设计。结合台地营造丰富的坡地景观。展园共分为水生植物区、竹林区、梅菊区、密林区、疏林草坪区五个植物景观区。

（5）竖向规划设计

结合现有规划区域的台地特征，采用叠水、叠石、挡土墙结合展廊、花池巧妙处理台地空间。展廊结合挡土墙、台阶设计出动植物生境展示空间，草坪结合植物造景自然放坡。这样的地形增加了景观空间的变化性，提供了不同高度的观赏点。温室前广场设计叠石水景，意在为场地提供集水区域，满足排水功能需要。同时塑造可以抵御噪音和净化水质的台地水域生境景观。

（6）雨洪管理规划设计

地表径流一部分直接排入盲沟，再从盲沟排入市政管网；另一部分流到人工水景，通过水景净化系统循环利用。不下雨时，水景需要通过人工给水管补充水量。水景设置溢水口，当水量超出时，通过溢水口排水，排入盲沟。

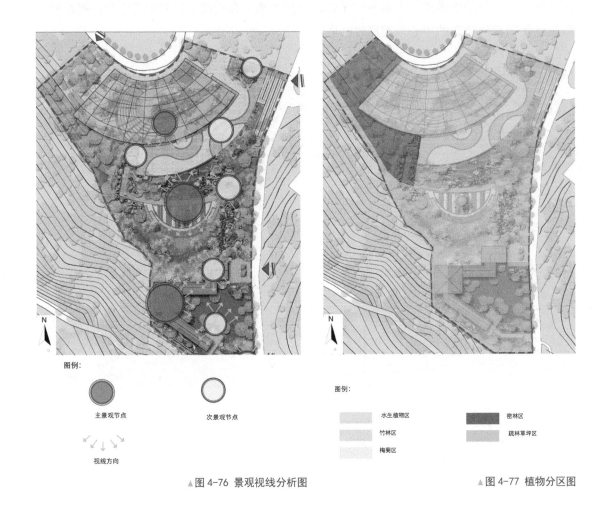

图例：

主景观节点　　　　　次景观节点

视线方向

图例：

水生植物区　　　密林区

竹林区　　　疏林草坪区

梅菊区

▲ 图 4-76 景观视线分析图　　　　　▲ 图 4-77 植物分区图

图例:

▼ 标高

▲ 图 4-78 竖向设计图

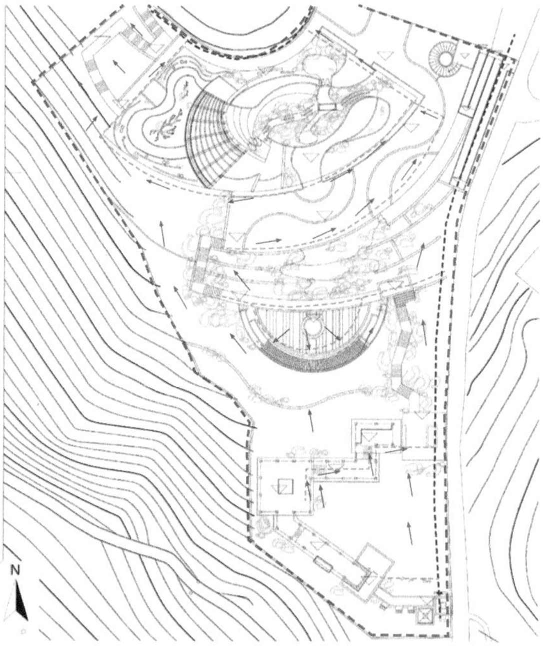

图例:

- - - 砾石盲沟   - - - 市政管网

- - - 排水暗沟   →→→ 排水方向

▲ 图 4-79 雨洪管理系统图

（7）休息设施规划设计

为满足兰花科普展示园每个驻足空间的休息与停留需要，相应设计了多种类型的条形坐凳。这些条形坐凳分别与挡土墙、水池、花池、科普台及亭廊进行整合设计，既实现了功能，又节省了空间，达到美观实用、去繁从简的设计效果。

图例:

═══ 坐凳

◀ 图 4-80 休息设施布局图

4.2.4 景点设计

（1）兰影壁钵

展园外东面主路与温室场地有近 3m 的高差，在无障碍通道与中心水景之间设计了粉墙黛瓦的画卷般的景墙，上面镶嵌着种植有兰花的古朴陶瓷花钵，墙上喷绘有中国水墨画和歌颂兰花的诗词歌赋，这幅山水画卷在对游人述说着兰花的源远流长的历史文化。

（2）飞兰石瀑

中心叠水景观是游人从温室出来就映入眼帘的仿滨水生态景观。展园背景是自然葱郁的浩瀚森林，眼前则是生机盎然的水生植物，悠然自得的多种鸟类在戏水、在觅食，涓涓细流的层层叠水与错落有致的文化景石似乎在歌唱着对大自然的赞美。

▲ 图 4-81 "兰影壁钵"效果图

▲ 图 4-82 "飞兰石瀑"效果图

（3）四君子生境展廊

从中心水景往南拾阶而上来到展园"四君子生境展廊"展示空间，在这里游人可以停下脚步在大树下倚坐，俯视温室和中心水景，转身便可欣赏到"一窗一世界，一兰一乾坤"的四君子半封闭式廊架生境微景观。这里仿真模拟了梅兰竹菊与不同动物的生境。

（4）根系兰林

"根系兰林"是连接"四君子生境展廊"和"生灵悦动展廊"的主要通道，主要营造仿生大树，自然交错的枝干构架出一个根系错综复杂的廊道，兰花种植在树槽内。游人走在这里仿佛穿梭在开满兰花的丛林中，营造了"花团锦簇，根系兰林"的景观效果。

▲图 4-83 "四君子生境展廊"效果图

▲图 4-84 "根系兰林"效果图

（5）鸟颂冠香

在"生灵悦动展廊"外自然围合出一块干净而空旷的草坡，这里是仿生动物的天然展示空间，各类鸟儿在树上、草坪上伴随着音乐和兰花的芳香，歌唱着美好的乐章。

（6）兰悦幽境

这里是展示园的主入口，以景石和罗汉松作为主入口障景，后面的展廊作为背景，左边设置有展示栏，供游人了解展示园的总体布局和设计说明。

▲图 4-85 "鸟颂冠香"效果图

▲图 4-86 "兰悦幽境"效果图

（7）生灵悦动展廊

作为展园核心的动物标本展示区，"生灵悦动展廊"结合廊架的柱子、横梁、座椅、隔离栏、景墙、景石及铺装全方位营造科普展示空间，设计有"幽兰木盒""杉木标本柱""诗情画意廊柱""竹兰话语""石与兰说""兰花水墨画（地雕）"等景观。

①幽兰木盒

展廊为新中式风格，粉墙黛瓦，入口处采用框景手法，利用背景的植物和前景的动物、兰花、枝条等共同营造科普展示空间盒子。

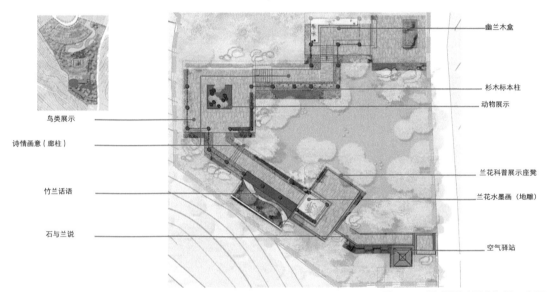

▲图4-87 "生灵悦动展廊"展示点图

▲图4-88 "幽兰木盒"效果图

②杉木标本柱

利用现有杉木资源作为展示的一部分，兰花、蝴蝶标本镶嵌在杉木木段中，透过杉木标本柱可以看见草坡、兰花和仿生动物，形成别具一格的展示廊道空间。

③鸟类及动物展示平台

展廊最大的平台空间为方形，中间设置一块自然生长的植物空间，主要展示森林仿生动物。同时，垂直立面栅栏墙上用枯枝陈列保护区的鸟类标本，游人在此可以远眺温室和远山，也可近观仿生动物，让人游走在自然画卷中。

▲图4-89 杉木标本柱效果图

▲图4-90 鸟类及动物展示平台效果图

④诗情画意廊柱

在柱子和梁上设置有画卷和扇形画框，展示兰花水墨画和诗词，廊道分段间植有五彩缤纷的兰花，幽兰盛开，芳香扑鼻。游人仿佛置身于兰花诗词歌赋画卷中，伴随着轻音乐，沉醉在中国兰文化之中。

⑤竹兰话语

"空谷有佳人，倏然抱幽独。东风时拂之，香芬远弥馥。"——郑板桥偏爱竹兰，廊道一旁种植有五彩缤纷的兰花和苍翠的竹子，景墙设计成框景形式，与动植物结合设计，微风徐徐，整个画面活灵活现，景致和谐而优美。

▲图 4-91 "诗情画意廊柱"效果图

▲图 4-92 "竹兰话语"效果图

⑥石与兰说

用石笼构筑立体景墙展示附生兰花，正面为科普宣传牌解说兰花的附生特性，从而达到教育宣传的目的，同时也营造了一种很独特的科普展示景观。

⑦空气驿站

空气驿站位于展示园的出口处，同时对接科普园上山入口，它起到承上启下的作用。空气驿站主要是检测该场地的空气负离子含量，宣传森林空气对人体健康的益处。此处设计有空气驿站休憩亭，既能实现科普功能，又能让游人停留休息。

▲图4-93 "石与兰说"效果图

▲图4-94 空气驿站效果图

（8）文化景石

文化景石主要集中在文化展示区，即在中心水景沿着不同高差的亲水阶梯布置着大小不一的文化景石，同时根据不同景点的需要散点布置，达到画龙点睛的效果。

（9）仿生鸟标本

仿生鸟标本根据展园环境主要集中展示在两处：一处在中心水景，与水生植物营造水边生态景观；另一处在"鸟颂冠香"草坡空间，与其他动植物共同营造自然和谐的景观。

▲ 假山置石（共12处）

▲ 图4-95 文化景石分布图

● 仿生鸟类展示（共13处）

▲ 图4-96 仿生鸟标本分布图

4.3 广西雅长保护区兰花科普园温室景观规划设计

4.3.1 项目概况

温室位于科普展示园的北部，温室平面形状为扇形，占地面积约1000m²，温室户外场地面积约1300m²。温室建筑层高6m，东、西、南方向均有出入口。

整个温室地形平坦，中间位置偏东方向砌山筑石，形成分割温室南北空间的障景。东面主入口营造"丛兰叠瀑"景观，一汪清泉由北向南潺潺流下，穿过假山石中的玻璃栈桥，汇集到南出口的"岸芷汀兰"景点，形成南入口开门见山水的景致。沿东入口主路可踏汀步，赏清泉，看石笼景观，观"花海迷兰"。穿过毛石砌墙拱门，可领略"垂兰花架"景观，穿出花架进入"山脉兰韵"和"悬兰枯木"景观。转回"垂兰花架"景观向前沿假山石台阶攀岩而上，穿过玻璃栈桥，可俯视温室跌水景观。往东下台阶可观赏别具一格的枯山水景观，往前通向温室南出口进入温室户外场地空间。

4.3.2 设计理念

温室利用假山、毛石砌墙、花架等元素合理分割出不同的功能空间，巧妙利用风景序列的起结开合设计手法，以地形的起伏、水系的环绕、园建空间的复合设计，将景序一一展开，空间变化丰富，游程有开有合，有头有尾，有放有收。

利用台地地形结合功能需要规划出主题明确的层次空间。将景点拉开距离，分区段布置，在游步道的引导下，景序断续发展，游程起伏高下，从而取得引人入胜、渐入佳境的

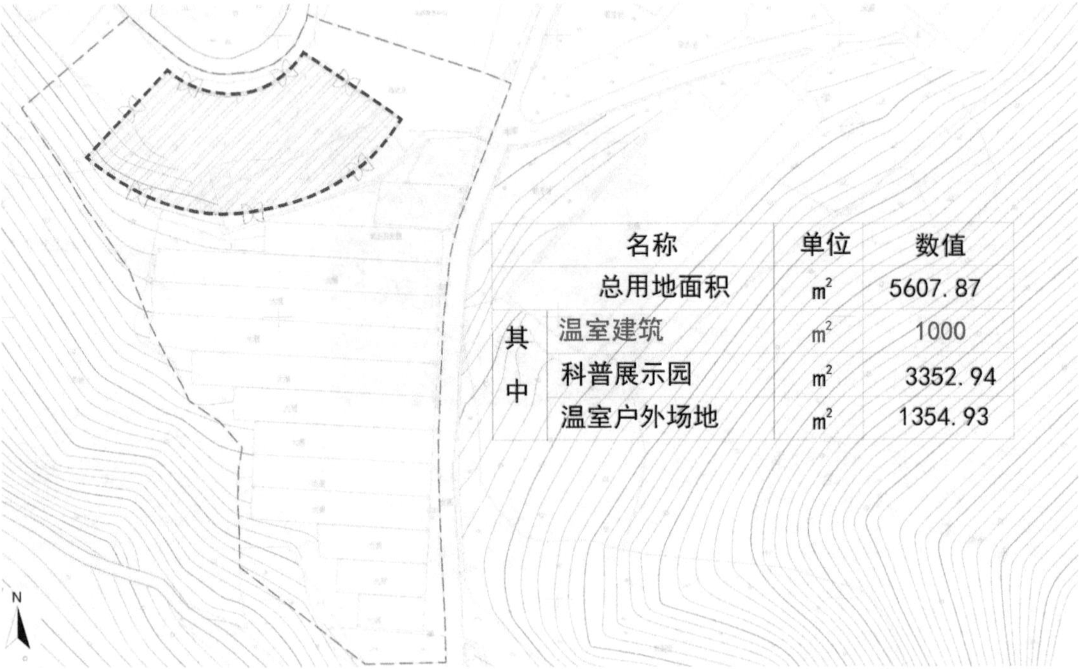

	名称	单位	数值
	总用地面积	m²	5607.87
其中	温室建筑	m²	1000
	科普展示园	m²	3352.94
	温室户外场地	m²	1354.93

▲图 4-97 场地用地分析

效果。风景序列由多种景观元素有机结合，在统一的基础上求变化，又在变化之中见统一。

　　充分利用原有沟谷、岩石、大树、泉水等自然条件，采用障景、借景、点景等园林造景手法，创造了步移景异、曲径通幽、小中见大的意境，打造兰花地生、附生、腐生、气生、岩生的自然生长环境。展示兰花的"艳、美、香、纯、媚、珍"，使游人体验到兰花的绚丽多姿之艳、仪表高雅之美、幽远飘逸之香、皎洁无瑕之纯、超凡脱俗之媚、神奇药用之珍，成为国际领先的高品质兰花专类温室展园。

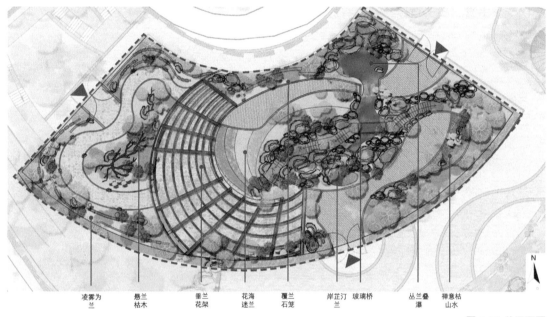

| 凌雾为兰 | 悬兰枯木 | 垂兰花架 | 花海迷兰 | 覆兰石笼 | 岸芷汀兰 | 玻璃桥 | 丛兰叠瀑 | 禅意枯山水 |

▲ 图 4-98 总平面图

▲ 图 4-99 鸟瞰图

4.3.3 规划设计

（1）功能分区规划设计

沿东主入口往西，再回到南出口，依次把温室分为山水森兰展示区、花海迷兰展示区、木架垂兰展示区、镜花兰韵展示区和禅意枯山水展示区。

（2）游览路线规划设计

沿东主入口经过水上汀步，穿过毛石景墙、廊架空间，进入镜花兰韵展示区，回到木架垂兰展示区，向假山攀岩而上，经过游程的起伏走出南出口。这个游览路线空间开合、起伏变化丰富，有头有尾，有收有放。

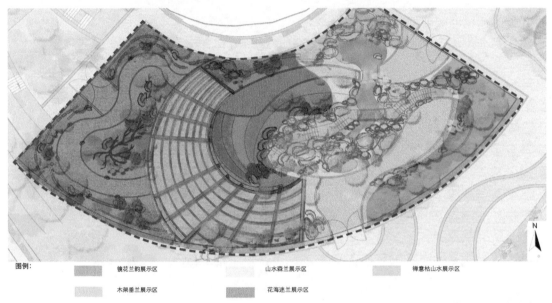

图例：

山水森兰展示区   镜花兰韵展示区   禅意枯山水展示区

木架垂兰展示区   花海迷兰展示区

▲图 4-100 功能分区图

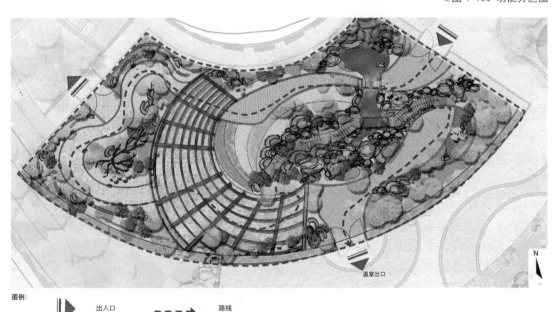

温室出口

图例：

出入口   - - - ➤ 路线

▲图 4-101 游览路线图

（3）景观视线规划设计

主要景点由东向西拉开景序，次要景点沿主路步移景异，因地制宜地布置在各个空间中。温室景观山环水绕，空间变化丰富而景观奇特，引人入胜。

（4）植物分区规划设计

温室跌水和溪流景观区域为水生植物区，廊架景观为垂吊植物区，花海迷兰展示区和镜花兰韵展示区为兰花种植区，禅意枯山水展示区为旱生植物区。

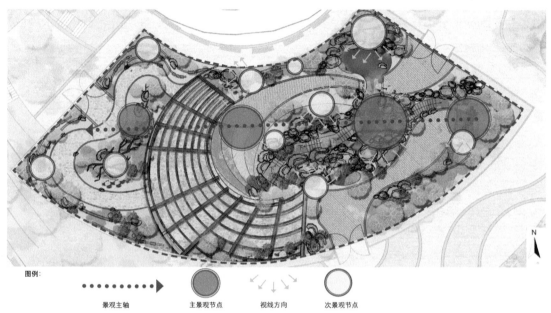

图例：

景观主轴　　　　　主景观节点　　　　　视线方向　　　　　次景观节点

▲ 图 4-102 视线分析图

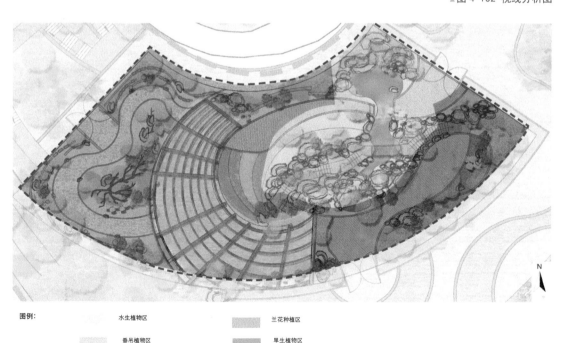

图例：

水生植物区　　　　　　　　兰花种植区

垂吊植物区　　　　　　　　旱生植物区

▲ 图 4-103 植物分区图

4.3.4 景点设计

（1）丛兰叠瀑

次出入口充分利用模拟的沟谷、岩石、大树、泉水等条件，采用障景、点景的园林造景手法与对景玻璃桥高低呼应，营造高山流水的气势。幽兰的芳香在自然蜿蜒的驳岸边环绕，葱郁的植物展示着旺盛的生命力，创造了步移景异、小中见大的意境。

（2）花海迷兰

陶瓷花钵从山的高处倾斜，好像泼出了花的海洋，与毛石立面墙的立体兰花共同展示出了兰花绚丽多姿之艳和皎洁无瑕之纯。花海下面由段木做构架，景墙由毛石和段木构成，展示了兰花腐生、岩生的自然生长环境。

（3）覆兰石笼

高低错落、层次丰富的石笼景观主要打造兰花附生和岩生的自然生长环境，让游人观赏到兰花不同的生态习性和独特的美。

▲ 图 4-104　"丛兰叠瀑"效果图

▲ 图 4-105　"花海迷兰"效果图

（4）垂兰花架

此景主要打造兰花气生的自然生长环境，同时与空气草共同悬挂在廊架上，让人能近距离仰望它的仪表高雅之美，呼吸到幽远飘逸之香。

（5）杉脉兰韵

由高低起伏的杉木、毛石穿插其间，以此模拟出层峦叠嶂的山脉，兰花随杉脉舞动起来，整个展示空间充满生命力和艺术感染力，垂直打造出兰花腐生、岩生之美。

（6）悬兰枯木

此景主要打造兰花腐生的自然生长环境，即使是枯木一样能够开出艳丽而芳香的兰花，使游人体验到兰花超凡脱俗之媚。

（7）岸芷汀兰

次出入口采用开门见山的手法，设计有山石和玻璃桥，一汪清池映射着蔚蓝的天空，形成蓝色的基调画面，岩石上有一株迎客松，寓意勇于突破、海纳百川的品行。水池边有水生植物和悠悠兰花，营造出庄重、大方而又热烈的氛围。

▲图 4-106 "覆兰石笼"效果图

▲图 4-107 "垂兰花架"效果图

▲ 图 4-108 "杉脉兰韵"效果图

▲ 图 4-109 "悬兰枯木"效果图

▲ 图 4-110 "岸芷汀兰"效果图

4.4 广西木论国家级自然保护区温室景观规划设计

打开微信扫一扫，下载本案例图片

4.4.1 项目概况

　　广西木论国家级自然保护区位于广西壮族自治区河池市环江毛南族自治县西北部，地理坐标为东经 107°53′29″～108°05′42″，北纬 25°06′09″～25°12′25″，地处北回归线北侧，属森林生态系统类型自然保护区。1991 年，始建县级自然保护区；1996 年 4 月，晋升为自治区级自然保护区；1998 年 8 月，经国务院批准晋升为国家级自然保护区。这是一个以喀斯特森林生态系统为主要保护对象的自然保护区。

▲图 4-111 温室总平面图

▲图 4-112 温室一层平面图

▲图 4-113 温室二层平面图

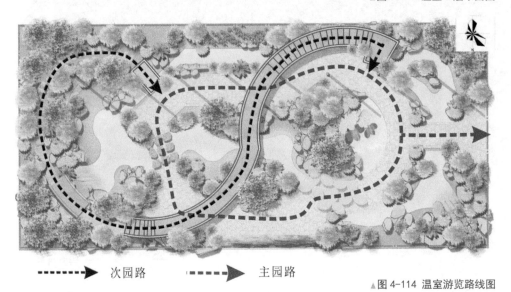

▬ ▬ ▶ 次园路　　　━ ━ ▶ 主园路

▲图 4-114 温室游览路线图

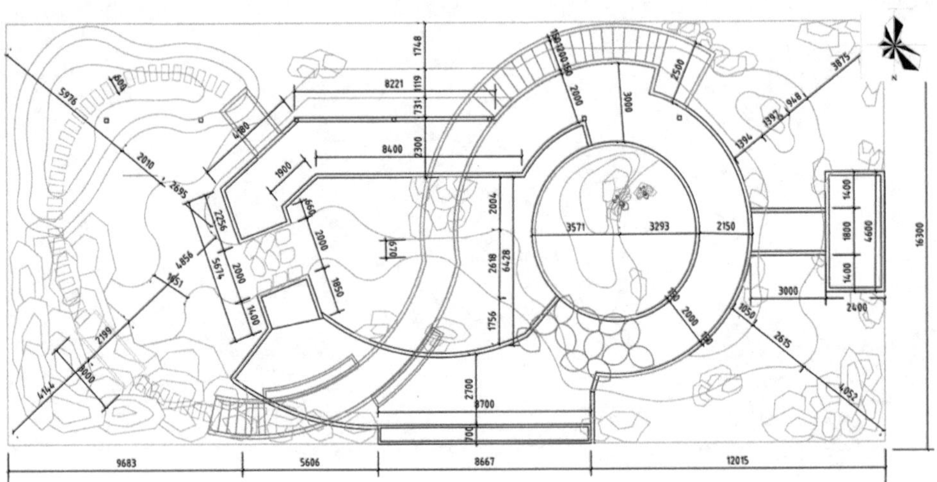

▲图 4-115 温室空间尺寸图

4.4.2 设计理念

整体设计灵感来源于《兰亭集序》中曲水流觞之情景："此地有崇山峻岭，茂林修竹；又有清流激湍，映带左右，引以为流觞曲水，列坐其次。虽无丝竹管弦之盛，一觞一咏，亦足以畅叙幽情。"

兰花温室的设计，传承中国兰花文化，采用多种展示方式，结合植被、光影、水体造景，使用保护区内的原生植物，营造基于天然环境但更具艺术氛围和游赏功能的兰花温室景观。

4.4.3 现状分析

兰花温室位于广西木论国家级自然保护区博物馆对面，温室框架为矩形结构，占地面积为500m^2，层高为5.4m。温室入口朝西，南北两侧外种植有乔木，采光较弱，东面有民宅和青山，民宅与温室距离较近，温室通风条件较好。

▲图 4-116 温室植被分区图

○ 地生兰，偏旱生，耐旱附生兰 　　○ 中性，喜日照 　　● 气生兰

○ 附生兰主要展示区 　　● 喜阴，偏湿环境

▲图 4-117 兰花植物种植分区图

4.4.4 主要功能

　　以兰花展示为媒介，宣传保护区生态保护理念，打造保护区名片。展示保护区景观精髓，土石山结合，虽由人作，宛若天开。精选保护区特色植物，缩山林入画境，为游客提供参观游赏场地。

4.4.5 设计特色

　　（1）水

　　中国园林素有"无水不成园"的传统，本案营造出"水随山转，山因水活"的自然艺

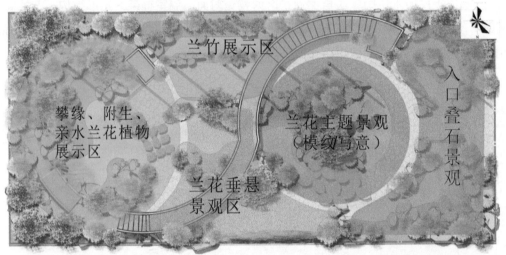

▲图 4-118 温室功能分区图

① 香兰桥	⑤ 叠石水景	⑨ 水浴幽兰	⑬ 悬兰桥	⑰ 温室入口
② 幽谷之瀑	⑥ 兰竹禅韵	⑩ 空中悬兰	⑭ 水中汀步	
③ 幽兰桥	⑦ 景石绿岛	⑪ 石笼景观	⑮ 丛林幽兰	
④ 垂吊幽兰	⑧ 石拱景观	⑫ 雾化喷泉	⑯ 仿生藤空中走廊	

▲图 4-119 温室总平面景点图

术之境，景观携山之雄伟、水之灵秀，将自然野趣与艺术加工相结合。本案水系采用溪流、瀑布、水潭等带状萦回或小型集中水面；将多种水体动静结合，构成"曲水流觞"的园林意境。

（2）地形

营地造景遵循西北、东北筑山，东南、西南营造微地形，中部水系贯穿东西，南面和北面地势较平坦些，在有限的空间范围内再现自然山水形象。

（3）园林空间

"尽错综之美，穷技巧之变"，通过各个园林空间要素相互作用与影响，如建筑、小品、雕塑、道路、假山、瀑布、植物与色彩、形式、质感、音乐等相互融合，曲廊随山势蜿蜒而下或跨水曲折延伸，创造出温室空间美的体验。

◀图 4-120 温室鸟瞰图

▲图 4-121 "水浴幽兰"效果图

▲图 4-122 "幽谷之瀑" 效果图

▲图 4-123 "石笼景观" 效果图

▲图 4-124 "石拱叠瀑" 效果图

4.5 湖南湘潭和园小区景观规划设计

打开微信扫一扫，下载本案例图片

4.5.1 项目概况

该项目用地面积为 53554m^2，项目总建筑面积约为 337213m^2，整个小区由 7 栋高层组成，临街商业裙房共 2 层。本建设项目位于湖南省湘潭市九华示范区东部，项目南侧为疏港公路，东侧规划路均为城市主干道，北侧标志东路与西侧规划中路均为城市次干道，东临湘江景观带，项目周边规划有中隆平高科博览园、市中心医院、中小学、郭家安置小区等城市绿地。

4.5.2 设计理念

中国儒家文化中有"致中和，天地位焉，万物育焉"的说法，"中和"是我们传统文化中非常重要的一个概念，而以"和"为核心的中国传统文化，又成为中式宅院营造的基础。这可以说是将此项目定义为"和园"的初衷。同时，可从三个方面来理解"和"：一是建筑与整体自然环境之"和"；二是人与住宅空间之"和"；三是在"和园"的概念下，开创人与人之"和"。

4.5.3 设计特点

（1）布局开合自如，优美自然，主次、区直互为表里。

（2）巧用山水和树木，高下得宜，整合有度。

（3）运用传统的对景、框景、隔景、借景手法，将建筑与景观之间的协调演绎出来。

▲图 4-125 小区景观平面图

4.5.4 功能分区

本项目根据"两轴、一心、四庭院"的景观结构，主要分为6个功能分区，分别为商业活动区、入口景观区、滨水休闲区、生态文化区、休闲活动区、同心园组团区和组团绿地区。

1.叠水涌香　　18.莲碧园
2.飞虹桥　　　19.莲心园
3.知鱼矶　　　20.四宜书屋
4.仰止亭　　　21.特色景墙
5.龙凤呈祥池　22.梧竹幽居
6.印心台　　　23.休闲小憩
7.别有洞天　　24.灌龙门
8.印月石　　　25.阳光草坪
9.悠然园　　　26.七夕街
10.涵碧池　　　27.秋韵步道
11.方正园　　　28.同心园
12.儿童游乐园　29.特色雕塑
13.朗琴园　　　30.桃花坞
14.清涟广场　　31.方壶胜境
15.莲子园　　　32.冠云台
16.谐奇趣　　　33.万花阵
17.笛锋丛翠

▲图4-126 小区景点名图

▲图4-127 小区鸟瞰图

4.5.5 景观规划

（1）同心园

该园位于主入口正大门的中心区域。此名因一个完整的圆形构图而得，寓意同心同德。该园主要景点有"知鱼矶""仰止亭""飞虹桥"和"印心台"。该园以圆形为构图主体，"知鱼矶（亲水平台）"与对岸的"仰止亭"相望。人们从亲水平台通过"飞虹桥"来到中心轴线制高点——"仰止亭"，此亭临水面有叠石配置，突显亭的气势，站在亭上可将中心水域景观尽收眼底。

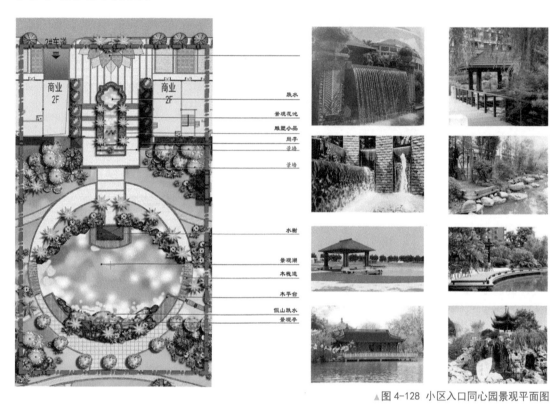

▲图 4-128 小区入口同心园景观平面图

▲图 4-129 小区入口景观鸟瞰图

（2）入口景观

入口景观轴线应用障景、框景、对景的设计手法，以及最佳视距（25~30m）观赏标志性建筑"仰止亭"，站在亲水平台的树池旁可以欣赏对岸的叠石和"仰止亭"；竖向设计上由大门入口最低点至入口景观轴线制高点，视线由仰视到最佳视阈（水平视角45°），营造变化的园林空间。

▲图4-130 小区入口景观效果图

▲图4-131 小区滨水休闲区效果图

（3）菡萏园

菡萏是莲花的别称，也指含苞待放的莲花。该园小广场用椭圆形构图，犹如含苞待放的莲花的花骨朵，故名菡萏园。该园使用古典园林的设计手法，创造了"莲花香榭""曲桥""芙蓉亭"与"濠濮涧"等景点。

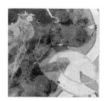

▲图 4-132 小区休闲活动区菡萏园平面图

▲图 4-133 小区休闲活动区菡萏园效果图

（4）方正园

方正园主要景点有"涵碧池""濯龙门""梧竹幽居""万花阵""跌水景墙"。空间主要体现"方正"之意，在道路节点与楼间活动场地设计上突显方形的运用，并考虑在楼间结合组团绿化适当设置"贤士雕塑"，着力体现数千年流传下来的文人贤士"方正"之风骨的文化主题。

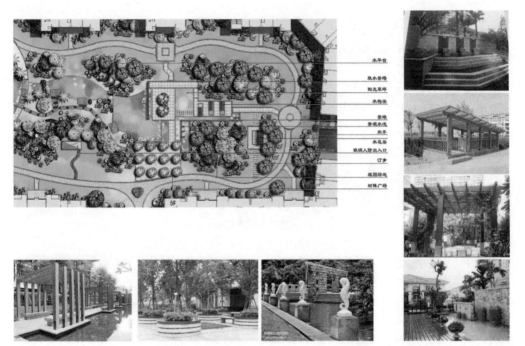

▲图 4-134 小区生态文化区方正园平面图

▲图 4-135 小区生态文化区方正园效果图

（5）莲翠园

莲翠园位于5栋与6栋住宅之间。该园的主要景点有"桃花坞""谐奇趣景墙""草坡台阶"。空间布局形式以圆和曲线构成，形成荷叶形状的构图，象征生机蓬勃。"桃花坞"处集中栽种桃花，围绕着弧形廊架，给人创造了一个休闲的好去处。

▲图4-136 小区莲翠园组团绿地平面图

▲图4-137 小区莲翠园组团绿地效果图

（6）莲子园

莲子园在 3 栋与 4 栋之间，该园的主要景点是"惜趣"。该园整体的构图像是一个正在熟睡的婴儿，预示一个新生命即将诞生。"享清芳之气，得稼穑之味"的莲子，更深层的含义为"怜子"，如同父母对孩子无私的爱。

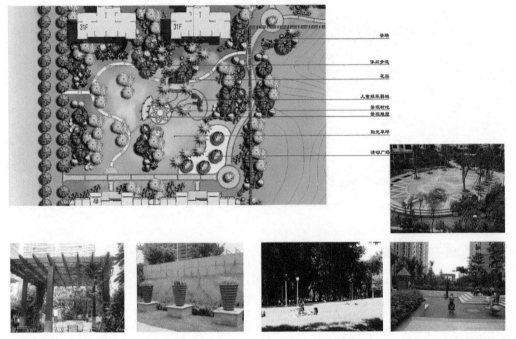

▲图 4-138 小区莲子园组团绿地平面图

▲图 4-139 小区莲子园组团绿地效果图

4.6 广西百色泰安小区景观规划设计

打开微信扫一扫，下载本案例图片

4.6.1 设计理念

通过寻找基地文脉中具有时代感的部分，使传统的红色文化获得新生，从而唤起人们对社区、自身家园的自豪感，以及对爱的深刻解读："关爱！相爱！疼爱！处处温馨！亲情！友情！爱情！情情动人！"——是该景观设计的理念根源。

4.6.2 设计特点

注重整体性和统一性。结合建筑的形态和景观空间，处理好商业空间与小区入口广场的统一性，多层与高层景观的协调性，注重景观的细节设计，使建筑和景观形成一个完美的和谐体。区位功能性以人为本，合理划分各个景观功能区域，注重人的参与性和使用性。以"简洁、大气、经济适用"为主题思想，营造一个时尚、现代、生态的新中式风格的居住空间，在有限的景观面积上追求空间组合的最优化，实现区域楼盘的地标性。

4.6.3 细节表达

（1）地形：台地与下沉相结合。

（2）铺装：以传统自然的铺装材料为主，现代铺装方式作为点缀。

（3）建筑物：传统的建筑空间融合现代的造型和材料。

（4）构筑物：新中式尺度与意向融合现代材料与技术。

（5）水景：现代的水景造型融合传统的水景象征涵义。

（6）植被：新中式的景象融合现代的围合方式。

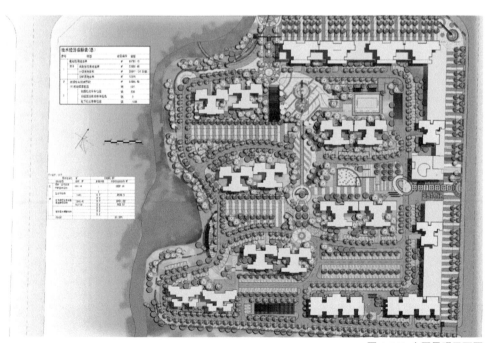

▲图 4-140 小区景观平面图

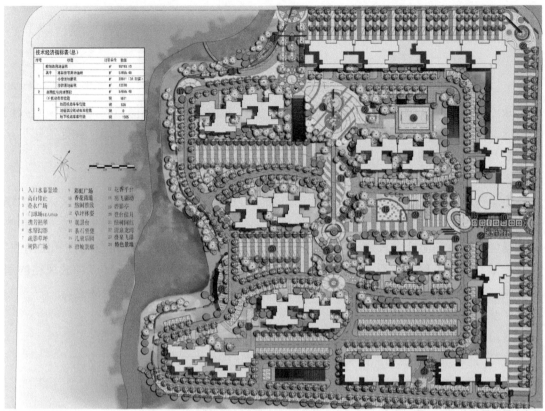

▲ 图 4-141 小区景观景点名图

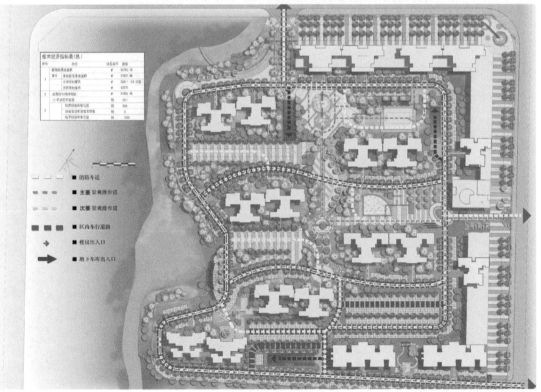

▲ 图 4-142 小区交通流线图

4.6.4 功能分区

方案初期，具体通过以下分区衍生出设计主题：商业景观区——简约主题；滨水风光带——户外休闲主题；中轴线景观带——爱的主题；休闲景观区——教育主题（含老人和儿童活动区）；生态园林区——家庭主题（含生态停车场和楼间庭院区）。

4.6.5 景观设计

（1）中轴线景观带

主入口采用"初极狭，才通人，复行数十步，豁然开朗"的设计手法，通过现代的建筑材料和语汇表达新中式园林的优美意境。入口大门用对称式的山墙头搭配耸立的灯塔及方正的岗亭，与商铺建筑立面形成良好的过渡空间。主入口两旁及岗亭后的景观绿化，营造四季常青的景象，运用"藏"的设计手法将园内空间与外界进行很好的隔离，同时巧妙地避免人们直对地下车库入口。

入园后，由水声将人的视线转移至右侧叠水景观。售楼部前提供弧形广场供人们驻留赏景。以同心圆的铺装形式设计转角轴线，引领人们走向中心广场。该广场以高低错落的叠水形成动静结合的水域景观。对称的中式框景景墙让空间开合有致。景墙中轴线对应休息景区北广场，形成东西轴线景观。主广场轴线贯穿园区南北，向南形成花乔廊架景观和水幕景墙树阵景观。

整个中轴线景观采用红色文化的色彩和园区主题文化的内涵，打造各景点以爱为主题的红色雕塑和构筑物。

▲ 图 4-143 小区功能分区图

（2）休闲景观区

叠水广场左侧方亭和景墙把人们引领到休闲景观区的老人门球活动区，该区以爱老、敬老的文化主题景墙为背景，采用中轴式对称形式，四周有葱郁的植物围合，营造动静隔离的活动空间。

（3）商业景观区

采用简约的线性布局，黑白灰的底界面铺装设计与建筑主题立面相呼应，纵向的铺装与横向的生态停车位树阵形成有序的视觉效果。主入口、次入口和转角以圆形为主题设计入口铺装、转角叠水景观和立体红色构筑物。

◄图 4-144 小区入口休闲景观区平面图

◄图 4-145 小区商业景观区平面图

图4-146 小区儿童活动休闲区平面图

（4）滨水风光带

"桃花源"是中国人心中永远的精神家园，在滨水景观设计中，沿用了这个概念为泰安住宅的存在提供了一个大的休闲场所。设想在周边的城市山林间居然隐匿着这么一片绿洲，碧水清波，山影绰绰，是多么的难得。设计上，沿用阶梯式处理高差的手法，满足人们对自然水域景观的向往。采用把大自然象征化的写意造园手法，将休闲空间散布其间，或临波而立，或在水一方，通过游廊、水廊、栈道将亭、水榭、廊架一一串起，形成动静分离，或开敞或封闭的有趣的空间序列。

▲图4-147 小区滨水景观方案一鸟瞰图

▲图 4-148 小区滨水景观方案二鸟瞰图

▲图 4-149 小区特色景墙效果图

（5）生态园林区

该区组团绿地功能定位为生态停车位区域，为呼应整体建筑风格，在主要停车区沿用黑白灰的铺装作为底界面设计，竖向空间采用树阵式片植乡土树种，从而优化该区环境，提高绿化率。

该区楼间绿地打造庭院景观，以家庭为主题设置休闲平台、廊架和围合空间景墙，同时在散点布置以"亲情"为主题的小品，让人不仅在景观主轴线园区感受以爱为主题的文化氛围，也能在楼间绿地时刻感受到家庭的温暖。

▲图 4-150 小区休闲广场效果图

▲图 4-151 小区滨水空间效果图

4.7 广西防城港河西文化广场景观规划设计

打开微信扫一扫，下载本案例图片

4.7.1 项目概况

河西文化广场位于美丽的防城江边，紧邻沿江大道，地理位置优越，交通便捷。基地呈梯形状，长约620m，最窄处宽约30m，左边宽约75m，水岸线长约860m，总用地面积约38235m^2。场地大部分均为平地，与现有广场高差约2m。场地现状主要为硬质铺地，部分保留树种和一所公厕。

4.7.2 设计目标

将河西文化广场打造成一个引人入胜的公共区域，一个兼具文化功能和现代气息的休闲娱乐景观空间。

4.7.3 设计理念

防城港，海之城，自古以来就是著名的鱼米之乡，围绕这里的悠久历史和人文风情，从中提炼出"渔村—渔民—渔网"这一概念，项目的景观营造以贝壳作为设计主题。将防城港河西文化广场定位为以水域景观为主线，以生态为特征，体现群众性、休闲性、科普性的滨河广场。

▲图 4-152 广场现状图

▲图 4-153 广场设计理念分析图

▲ 图 4-154 广场总平面图

▲ 图 4-155 广场功能分析图

▲ 图 4-156 广场交通分析图

▲ 图 4-157 广场视线分析图

▲图 4-158 广场公共设施布置图

▲图 4-159 广场全园鸟瞰图

4.7.4 功能分区

该地块规划为：两带、两轴、五区，沿河将地块分为滨河绿地区、商业景观区、棕榈园区、中心广场区、休闲娱乐区。

4.7.5 景观规划

（1）商业景观区

从西面主入口可直接进入商业中心广场，入口阵列大王椰，坡道配合跌水和错落有致的树池进行设计，色彩丰富的花灌木引导游人汇聚到中心景观区，欧式的水塔结合动态的喷泉让中心景观充满活力。广场的铺装形式宛如贝壳孕育着一颗明珠，绽放着希望的光芒。入口轴线以北，曲线阵列种植高大的大王椰，尤显亚热带滨水风情。左侧结合建筑功能设计一个小婚礼广场，铺装外围以钻戒形状进行构图，中心铺装以多层花瓣叠加而成，象征生活如花绽放、幸福美满。轴线右侧设置一个休闲平台，双亭临水而建，柳枝随风飘扬，形成柳岸风情的特色景观。该区交通便利，东西两个停车场服务整个商业建筑群。繁茂的植物群包裹着欧式风格的低层建筑，使其若隐若现，更增添一丝神秘感。建筑采用美式风格，将复古和现代融合，典雅、纯朴、自然、谦虚、内敛的建筑与自然融为一体，建造永不落伍的百年经典。

▲图 4-160 广场商业中心景观效果图

▲图 4-161 广场商业中心景观平面图

（2）滨河绿地区

临江沿岸规划出宽 4m 的滨江游步道，同时设计出宽 80cm 的健身卵石步道，整个步道与景观东西轴线相平行，由东西中轴线景观规划出多条南北园路，直达滨江游步道。东面设计出挑出水面的游船码头，以供市民结合当地风俗开展各种水上活动。沿江绿化部分保留原有景观性较强的大乔木，结合自然的配置模式，营造轻松愉悦的滨河绿地景观。

（3）棕榈园区

该区充分利用原有场地上保留的树种，主要种植大王椰、蒲葵、棕竹等棕榈科树种，故命名为棕榈园。以"海浪、游鱼"的形式设计出自由曲线的铺装道路和溪流，以及随波逐流的树池。水流从东到西贯穿两个中心广场，形成东西轴线景观。叠水广场入口左侧设置廊架供人休息停留，沿着小路可抵达公厕，方便市民使用。

（4）中心广场区

该区以贝壳形状做规划设计，沿着道路向滨河拓展出半月形的平台，该平台与园内高差为 3m，利用高差设计叠水瀑布，营造气势磅礴的中心广场景观。同心圆依次向外拓展，设计有五色花田，曲线列植树阵、花坛。叠水前设置 13m 宽的环形空间，铺装简洁大方，该场地供市民集会、健身、休闲、娱乐使用。广场与江河相呼应，设置通透的视线景观。

▲ 图 4-162 广场滨海绿地区景观示意图

▲ 图 4-163 广场棕榈园区景观示意图

▲ 图 4-164 广场中心广场区示意图

▲ 图 4-165 广场植物空间示意图

▲ 图 4-166 广场中心广场区植物种植选择图

▲ 图 4-167 广场小品示意图